数智时代交互设计理论研究与发展

师锦添　著

中国纺织出版社有限公司

图书在版编目(CIP)数据

数智时代交互设计理论研究与发展 /师锦添著.
北京 ：中国纺织出版社有限公司，2025. 2.-- ISBN
978-7-5229-2572-1

Ⅰ. TP11

中国国家版本馆 CIP 数据核字第20250BY678 号

责任编辑：张　宏　　责任校对：寇晨晨　　责任印制：储志伟

中国纺织出版社有限公司出版发行
地址：北京市朝阳区百子湾东里 A407 号楼　邮政编码：100124
销售电话：010—67004422　传真：010—87155801
http://www.c-textilep.com
中国纺织出版社天猫旗舰店
官方微博 http://weibo.com/2119887771
河北延风印务有限公司印刷　各地新华书店经销
2025 年 2 月第 1 版第 1 次印刷
开本：710×1000　1/16　印张：14.5
字数：232 千字　定价：98.00 元

前言

信息技术和人工智能的发展，改变了人们的沟通、交流与生活模式，人与人、人与物，甚至物与物之间的关系都产生了巨大的变化。多学科融合的交互设计是引导产品创新设计、提升设计体验的重要手段。同时随着信息技术的发展和移动应用的大量普及，包括互联网企业在内的行业对交互人才的创新思维和专业能力都有强烈的需求。

交互设计是定义人工制品、环境和系统的行为，以及传达这种行为的外形元素的设计与定义。传统设计学科主要关注形式，交互设计更加关注内容和内涵，旨在规划和描述事物的行为方式，然后描述传达这种行为的最有效形式。从用户角度看，交互设计是一种如何让产品易用、有效且让人愉悦的技术。它致力于了解目标用户及其期望，了解用户在同产品交互时彼此的行为，了解人本身的心理和行为特点，同时，还包括了解各种有效的交互方式，并对它们进行增强和扩充。

本书共七章，第一章为交互设计概论；第二章为数字智能技术的发展；第三章为交互设计原理与方法；第四章为不同类型交互系统的设计；第五章为从 GUI 到 VUI：语音系统交互设计；第六章为车载人机交互界面设计；第七章为交互设计创新研究及未来发展。

在书稿的撰写过程中，因受自身水平的限制，在本书中可能还存在一些错误或不足，敬请广大读者多多指正和包容。

师锦添
2024 年 7 月

目录

第一章

交互设计概论

20世纪末，市场上存在大量基于传统工业生产的产品，而随着计算机技术的提升，虽然其内部置入了计算机芯片，但在日常使用中并未提升用户的工作效率和使用感受，反而在使用过程中暴露出诸多问题，如输入方式操作笨拙、输出形式单一、有效输出信息有限等。在此背景下，交互设计这一概念被提出并不断发展至今。本章从交互设计的概念、特征、应用、发展和体系出发，追溯总结交互设计的来源、定义和意义，系统梳理交互设计的特征，归纳分析交互设计在社会生活当中的应用，探讨交互设计的发展历程及国内外发展的现状和未来发展的前景，分析交互设计与其他设计领域之间的相互联系。

第一节　交互设计的概念

随着计算机科学技术的产生与发展，人们开始探索如何让人类与计算机或数字产品进行更简易高效的互动。20世纪60年代，交互设计（Interaction Design）最初是以界面设计和图形设计，也可称为人机交互（HCI，Human Computer Interaction）的形式产生并蓬勃发展的。直到20世纪80年代，交互设计作为一个独立的设计领域被正式提出，并日益受到人们的重视。交互设计，尤其是数字产品的交互设计，随着应用的普及，逐渐形成一个专业领域。交互，就是相互作用，在人们使用产品时，人和产品之间就产生了多样的交互关系；设计，就是解决需求的创造性理解和表达。智能产品和传统机械产品的主要区别之一是用户对智能产品的认知与使用行为主要基于对数字信息的提取、阅读和加工，因此，如何有效理解人类获取及处理数字信息的机制和能力，从而设计相应的智能交互系统变得极其重要。

一、交互设计的提出

1946年，人类发明了第一台电子计算机，早期的计算机体积庞大，使用领域也很有限，主要用来编写程序和执行处理命令，所以它的使用者主要是一些相关领域的技术工程师、专家、科学家等专业用户。随着时代的演变、科学技术的发展，计算机不仅在专业领域中显著推动了工作精度与劳动效率，还被广泛运用到人们日常生活和工作的各个领域，计算机产品几乎可以用来完成人们想要达到的任何事情。如今的计算机小巧、轻便，芯片算力不断提升，使用者不仅有专业用户，也有普通用户。随着互联网技术的发展，用户群体越来越广，需求也更加多元且复杂。以前的计算机使用门槛颇高，大多数人需要通过培训学习才能够流利使用，如今普通用户也能迅速学习、简便操作，并拥有舒适的使用体验。从人类历史发展的角度来看，计算机作为一种工具应更好地为人类提供简易便捷又自然舒适的智能服务，而非让人们去学习和适应它。

美国数学家阿兰·库珀(Alan Cooper)最早提出"认知摩擦"这一概念，认为认知摩擦是当人类智力面对随问题变化而变化的复杂系统规则时遇到的阻力，是产品设计不良的表现。计算机技术刚开始被运用到产品中，只是在技术层面被简单拼装，不管这个技术是否合适与需要。因此，带来了很多的问题，而有些问题可能产生致命性的后果。这些问题促进了一种新的设计的诞生，它必须了解用户的目标，研究用户的特征，构建系统性的行为，从而更有效地去满足人们的需求，这就是交互设计。交互设计作为一门关注交互体验的新学科产生于20世纪80年代，它由IDEO公司的创始人之一比尔·摩格里奇(Bill Moggridge)在1984年的国际设计会议上提出，他一开始给它命名为"软面(Soft Face)"，由于这个名字容易让人想起当时流行的玩具"椰菜娃娃(Cabbage Patch doll)"，后来把它更名为"Interaction Design"，即交互设计。

二、交互设计的定义

"交互设计"这一词的重点在于"交互"，可将它拆分为互相和动作，以及交互性。互相和动作，指通过了解用户的期望，从而设计相应的交互行为让用户和产品有效地相互沟通，从而达到用户的目的；交互性则不仅限于产品的技术系统，还包括其他非电子类产品、服务和组织。传统上的交互被称为人机交互，包括三个要素，即人、机和两者之间的交互，也称为HCI。随着时代的发展，交互的范围在逐渐扩展，包括使用基于数字技术开发的产品、信息或服务，以提供给用户更好的服务体验。交互设计是一种如何因产品易用、有效而让人愉悦的技术，它致力于了解目标用户和他们的期望，了解用户在与产品交互时彼此的行为，了解用户的心理和行为特点；同时，还包括了解各种有效的交互方式，并对他们进行增强和扩充。

自比尔·摩格里奇(Bill Moggridge)明确提出"交互设计"这一词以来，迄今为止这一概念没有统一的定义，不同学者基于不同视角和侧重点对交互设计这一概念也给出了不同的定义，如表 1-1 所示。

表 1-1 交互设计的定义

出处	定义	侧重点
阿兰·库珀(Alan Cooper) 美国软件设计专家、交互设计先驱、"Visual Basic 之父"	交互设计是人造物、环境和系统之间的行为，以及传达这种行为的外形元素的设计与定义。传统设计学科主要关注形式，交互设计更加关注内容和内涵，通过规划和描述事物的行为方式，然后描述传达这种行为的最有效形式	交互设计概念的系统性定义、其与传统设计学科的差异
唐纳德·诺曼(Donald Arthur Norman) 美国认知心理学家、设计教育家、计算机工程师	交互设计是人类交流和交互空间的设计，是用户在使用产品过程中能感受到的一种体验，是由人和产品之间的双向交流所带来的，具有浓厚的情感成分	交互设计对于使用体验感官情绪的提升
海伦·夏普(Helen Sharp) 英国开放大学软件工程教授	交互设计的核心是创造和优化用户体验，它是增强和扩充人们工作、通信及交互方式的一种实践，它致力于创建提升人们日常工作与生活的效率并提供愉悦和满足感的交互式产品	交互设计的诸多目标与意义
丹·赛佛(Dan Saffer) 美国产品设计咨询公司 Kicker Studio 的负责人	交互设计是存在人、机器、系统之间的一种跨学科实践，它是两个主体之间的事物，通常涉及信息的交换，也可包括实物或服务的置换从而帮助不同主体之间进行连接	交互设计对于不同人之间的连接效用

三、交互设计的意义

随着网络和信息技术的发展，各种新产品和交互方式越来越多，人们也越来越重视对交互的体验。当大型计算机刚刚研制出来的时候，行业主流观点默认当时的绝大部分使用者就是该行业的专家，因此领域发展的过程中鲜少关注普通使用者的感受；相反，一切都围绕机器的性能特点和需要来组织，程序员通过打孔卡片来输入机器语言，输出结果也是机器语言，那时针对人—计算机交互的研究重心毫无疑问是聚焦于机器本身。诚然，将使用体验视为技术发展的“最后一个阶段”的观点有失偏颇，因为关注用户体验应作为重点原则贯穿于产品设计、开发与测试过程的始终，但需承认的是在技术发展处于密集上升期的阶段，的确没有太多资源与关注度可以分配给针对提升普通用户使用计算机体验的研发。

而随着技术的进步与成熟，计算机使用对操作能力的限制越来越少、学习难度不断降低时，计算机系统也逐渐有了越来越多的普通大众用户，对交互体验的关注度也不断提高。而交互设计也可显著提升产品的易用性、优化使用体验并赋予产品文化语义。

(一)提高可用性

在大数据时代，交互设计致力于提高产品的可用性与易用性，让人们方便有效地使用产品或服务，提高用户对产品的接受度。“秒秒测”是一款智能体温计，将其贴在孩子皮肤表面，每两秒测量一次孩子的体温，并可同步到产品 App 上实现智能控制，让父母可以实时查看；具有报警功能，若孩子体温超过高温预警线或低温报警线时，则会触发报警提示。App 界面简洁清晰，体温变化曲线图便于用户直观地查看历史数据与体温变化趋势，该产品外观颜色柔和明亮、造型圆融，孩子容易接受，搭配 App 便于亲子两代协同使用，是一款以用户体验为中心的便携式智能产品。

(二)增加用户体验

在满足用户对于产品的基本需求，如产品的可用性与易用性的基础上，能够打动用户，在他们心中留下深刻印象的产品，是设计师追逐的更高目标，即满足解决实际问题和用户情感体验的双重需求。比如，产品是否有趣、富有美感、富有启发性、富有创意以及是否能支持情感满足等。韩国市场营销公司杰尔思行(Cheil Worldwide)为韩国双龙(S-OIL)石化公司设计的一款HERE停车位气球产品就通过小小的创新设计而获得了效率提升、体验改善与品牌宣传等方面的多赢。在停车场的每个停车位上都用细绳固定一个印有HERE和S-OIL标识的氢气球,人们很远就可以看到醒目的黄色气球飘在空中,从而知道这里有一个空余的车位。当汽车驶入这个车位时,会把气球慢慢压在车下面,远处的人们就看不到气球了,说明此处没有空车位。当司机把车开走之后,气球又重新飘起来,告诉人们该车位又可以使用了。

(三)赋予文化内涵

在共享时代,交互设计的范畴也在逐渐扩大,产品的意义已经超出了产品的外观、功能、环境等维度,而逐渐成为一个文化创造和文化更新的范畴,这些使得交互设计有了更丰富的内涵。交互设计还涉及与多学科、多领域和多背景人员的沟通。通过对产品的界面和行为进行交互设计,让产品和使用者之间建立一种有机关系,从而可以有效达到使用者的目标。从1999年至今,腾讯的品牌形象一直以企鹅为主,并在此后不断地优化,不断地丰富品牌内涵。企鹅形象的优化,是整个社交网络品牌的生态策略,首先是产品自身的品牌设定,其次是产品间关系的社交系统品牌设定,最后是IP形象品牌设定。腾讯QQ品牌的文化衍生,主要以QQ品牌定义为中心,让其与QQ子产品以及衍生产品组成社交系统品牌,QQ形象IP化,并衍生出QQ家族形象。企鹅,已经不是一个单独的企鹅,而是一个丰富的内容平台,承载着整个互联网生活体系。

第二节 交互设计的基本特征

以用户为中心、可用性、用户体验和迭代是一个产品从无到有、从有到优的重点,也是产品交互设计过程中区别于其他学科的特有原则与环节。产品设计是以用户为中心的,通过交互设计对用户感性的自然行为来进行理性的系统分析,并需要了解不同用户的诉求,从而设计出满足用户需求、好用并让人感到舒适的产品。

一、以用户为中心

以用户为中心(User-Centered)是交互设计的核心观点之一,不仅要以技术为驱动力,将用户的需求、喜好、特征与优劣势时刻放在所有过程的首位,还要以用户目标作为产品开发的驱动力，挖掘用户需求，充分利用判断力和技术，设计良好的系统。这是一种设计思想，而不是纯粹的技术。以用户为中心的设计目标是发现用户的需求、目标和偏好，并为其设计产品。一般意义上，用户包括两层含义：广义上，用户是人类的一部分；狭义上，用户是产品的使用者。在交互设计中，用户一般指与交互系统相关的个体或群体，分为直接用户和相关用户两大类。直接用户指与交互系统直接相关的人（或人们），经常使用交互系统和偶尔使用交互系统的用户；相关用户指与交互系统间接相关的人（或人们），如研发人员、管理人员、测试人员等，这些相关人员首先是使用者，其次才是设计者，设计者不能主观臆测用户的意图，应从使用者的角度来思考问题。

在交互系统设计中，设计主要的关注对象是与交互系统直接相关的人，其中这些用户还分为初学者、中间用户和专家用户，其中数量最多、最稳定、最重要和最永久的是中间用户，但也不能忽视其他用户。对待用户，设计师应从不同的视角考虑，在生理上，每个人的特征都不同，用户的年龄、职业和体貌特征等都会影响设计师的决断。在心理上，不同国家、不同地域的文化差异，身份、知识水平的差异，对颜色、方向感、记忆力等的敏感程度，也是设计师在设计交互系统时要考虑的因素。

二、可用性

可用性是目前国际上公认的衡量产品在使用层面能满足用户身心需求程度的重要标准之一，例如尼尔森十大可用性原则就被广泛运用于交互设计中，用以提升效率、降低错误率、提升用户满意度。对于可用性的概念，国际标准化组织（ISO）在其 ISO FDIS 9241211 标准（Guidance on Usability，1998）中认为，可用性重点是指用户在特定的环境中使用产品完成具体任务时，交互过程的有效性（Effectiveness）、效率（Efficiency）和用户满意度（Satisfaction）。有效性指用户完成特定任务和目标的正确程度和完整程度；效率指用户完成特定任务和目标的正确程度和完整程度及其所耗费的资源的比率，即单位时间完成的工作量；用户满意度指用户在使用产品时所感受到的主观满意度和接受程度。

可用性具有多种属性，它包括可学习性、效率、可记忆性、出错率和满意度五个方面。可学习性指用户能够在短时间内学习如何使用产品，并且首次使用产品时感到容易完成目标任务，是最基本的可用性属性；效率指用户通过学习，使用产品的熟练程度达到学习曲线平坦阶段的稳定绩效水平，即用户完成任务的速度；可记忆性指用户在一段时间不使用产品时，重新使用该产品时是否能够借助之前的学习、经验、回忆重新熟练使用；出错率指用户在使用产品时的错误操作次数，以及这些错误是否容易被纠正；满意度指用户在使用产品时，主观上所感受到的愉悦程度，也是最终的可用性属性。作为可用性属性，满意度可以从客观和主观两方面度量，由于客观度量主要通过专业设备采集心理、生理的指标来评估，会给用户造成压力和紧张感，影响测试结果，所以主观度量时一般外界环境比较轻松，可以采用访谈的方式来询问用户的想法，并辅以问卷来度量，因此，一般推荐采用后者。

此外，交互设计中的可用性原则具体还可拓展为状态可见性、环境相符性、用户可控性、防错性等，都是基于以上五个方面细分演化出来。

三、用户体验

在项目开始时，设计师应该明确特定的可用性和用户体验目标，并与需求达成一致，这有助于设计师设计不同的候选方案。“用户体验”的概念由美国认知心理学家唐纳德·诺曼(Donald Arthur Norman)在20世纪90年代中期提出，指用户在使用产品的过程中或使用后，与产品系统进行互动时，所形成的心理感受，虽具有很强的主观性，但也受到客观因素的影响。从用户层面来说，用户使用产品追求的是物质和精神上的双重体验，在与产品进行互动体验中除了要达到可学习性强、效率高、可记忆性好、出错率低和满意度高的可用性目标外，还应具备美感、令人愉悦、具有成就感、使情感得到满足，因此用户体验贯穿在一切设计和创新过程中。从营销层面来说，用户体验是一种与体验经济相适应的体验营销，其通过舞台（企业服务）、道具（产品）、布景（环境），使用户在特定的时间和场合感受到使用产品的美好过程，从而激发购买欲望。从设计层面来说，始终坚持以人为本的设计宗旨，让产品满足用户的物质实用和精神情感需求，也是用户体验设计的本义。用户体验在交互设计每一个环节的提高都会对用户的综合满意度有所贡献，因此，设计师不应仅仅关注产品的可用性，用户体验的所有环节都应受到重视。

四、迭代

迭代是重复反馈的活动，其目的通常是逼近所需目标或结果。每一次对过程的重复都被称为一次迭代，而每一次迭代得到的结果会作为下一次迭代的初始值。通过迭代中的反馈，来促进设计师改进或优化产品设计。没有绝对完美的产品，用户总会有新的需求，用户的需求也是在使用产品的过程中不断发现和满足的。对产品的研发人员来说，要想让用户长期使用并且吸引更多的用户来体验产品，一定要不断地迭代，以满足用户的不同需求。

产品的迭代要关注用户需求的优先级。首先，强化产品核心流程，其目标是最大限度地提升产品的核心竞争力。其次，和商业目标相契合。再次，资源的最优分配，通过资源有效配置才能真正发挥价值。在产品诞生及成长阶段，核心用户是种子用户，他们最大的特征是忠诚度不高，有很强的好奇心，所以这个阶段的迭代频率适合小步快跑，每一两周就推出一个版本，不断开发新功能，优化体验；产品发展到稳定阶段后，产品功能和用户规模逐渐成形，这个阶段最重要的用户是主流用户，他们更加注重产品的体验和稳定性，所以这个阶段的迭代频率适合快慢结合，即以小步快跑的节奏满足小需求，如功能、漏洞（Bug）优化等，以定期升级的节奏满足大需求，如新模块、UI 改版等，大需求的时间周期可以保持在一年两到三次。最后，产品由盛转衰，逐渐发展到衰退阶段，这个阶段最重要的用户是相对稳定的主流用户，这类用户不会轻易更换使用习惯了的产品，只要产品能够满足他们的需求，他们是不会轻易放弃的，因此这个阶段的迭代更新，是节奏相对慢的小需求迭代，迭代频率可以保持在一个月左右。由于设计人员和用户都会参与产品的设计、讨论、需求和期望等，所以他们更了解用户需要什么，什么样的方案能给用户带来更好的体验。这时就更需要进行产品的迭代，让各个环节都能够相互启发，重复迭代。设计人员只有通过这种方式才能发现问题并解决问题，从而做出更好的产品。

第三节　交互设计的实践应用

随着数字技术的更新与用户需求的衍化，人机交互的类型也逐渐增多，有关于硬件的实体互动，也有聚焦软件的界面交互，其中软件层面所涉及的交互设计问题更广泛一些，主要体现在针对不同平台载体的特性差异，交互方式和设计方法都有相应的不同。其中，Web 平台、移动平台和智能产品是目前比较有代表性的三类交互平台。

一、Web 平台

互联网已经成为人们日常生活中必不可少的一部分，互联网产品的概念是从传统意义上的“产品”延伸而来的，是在互联网领域产出而用于经营的商品，它是满足互联网用户需求和欲望的无形载体。简单地说，互联网产品是指网站为满足用户需求而创建的用于运营的功能及服务，它是网站功能与服务的集成。例如，纵观一些网站的核心产品，新浪的产品是“新闻”，腾讯的产品是“QQ”，博客网的产品是“博客”。交互设计是数字时代的产物，虽然是新兴产业，但伴随着互联网的出现，也早已成为大设计的理论支撑、表现手段和设计流程中所关注的关键部分。如今大家常用到的互联网网站主要分为搜索引擎、媒体网站、宣传网站、社交网站、电子商务和传统论坛等。Web平台的设计要考虑的因素主要有用户的定义和使用环境，市场和竞品的分析，需求、任务分析和目标定义，项目的计划、采用的技术手段和资源管理分配，及用户使用设备的差异性等。

二、移动平台

移动平台主要指具有多种功能的平板电脑和手机，移动交互设计的精髓就是在最恰当的时候为用户提供直观的信息，使用户可快速了解，并做出简单快捷的反馈；此外还应支持在不同尺寸设备上完美呈现的响应式设计。随着集成电路技术的快速发展，移动产品的功能越来越强大，覆盖层面越来越广，从一个只能通信的设备演变为一个综合信息处理平台，不仅可以通话、拍照、玩游戏，还能够实时定位、指纹扫描、二维码扫描、声音识别等。由于其产品的特殊性，其在使用情境上与Web平台有所不同，因此，交互设计应充分结合用户在各种移动场景中的多元需求来综合设计。

（一）智能手机

早期的移动手机由于其性能差，算力远远落后于台式计算机，因此经常遭遇死机或者操作后没有反应，只能提供一些基本、简单的功能，人机交互的模式十分有限。直到iPhone的发布，重新定义了手机交互设计的标准，创建了多点触控的交互输入模式，通过手指捏合进行图像缩放、手指上下滑动控制界面滚动；在桌面上拖曳一个图标时，如同图标被吸附在手指上一样。不同的系统，例如苹果（iOS）系统和安卓（Android）系统也有着不同的交互规范和用户习惯，并由此创造了不同的交互体验，在设计时要注意到系统差异性。随着手机硬件能力的不断提升，可以支撑很多应用类产品在手机上使用。在某个平台进行设计时，要考虑到自身设备的能力和特性，合理制订交互方案，扬长避短。对于智能手机平台的应用设计,设计师应当充分了解和利用手机与生俱来的移动性和多场景迁移性来突出移动产品的功能特性。只有理解了智能手机平台中用户和应用的交互方式,整合移动硬件的功能,才能创造一款操作简单、应用率高和趣味性强的应用软件。

(二)平板电脑

平板电脑也有独特的交互体验,它的许多特性和智能手机是相同的。平板电脑比笔记本电脑体积更小,方便携带,又具有智能手机所拥有的麦克风、相机、GPRS系统等功能模块。与手机相比,平板电脑的最大优势就是触摸屏尺寸更大,适合阅读、写作和处理数据等精细工作。对于一些手游或视频深度用户来说,平板电脑操作更方便,画面感更强,可为用户提供更系统的沉浸式体验。在设计平板电脑产品时,与智能手机一样,要注意设备的功能特性与适用场景特性,也要注意它与智能手机的区别,防止因交互设计微小的细节问题破坏整个用户体验。设计师在设计平板电脑平台的应用时,要充分考虑平板电脑的特性。系统、厂商甚至是硬件配置的不同,设备上所应匹配的功能也不同,在确定功能的必要性和硬件设置的情况下,进行功能设定和一些细节上交互体验的处理以保证交互体验的流畅性与一致性。

三、智能产品

智能产品主要指将新型科学技术手段和硬件设备相结合,能够便于人们操作,为人类带来覆盖多个生活场景的多样化体验产品,其不仅重塑了产品的呈现形式,也改变了人与物理世界的交互方式,从而奠定了交互设计的新边界。目前的智能产品大多通过手机传输数据,并且可远程操控。智能产品从类型上可分为智能家居产品、智能交通工具、智能设备、智能可穿戴没备和公共智能产品等,这些产品主要通过情境感知与自适应交互、软硬件无缝衔接、基于生物识别的快捷交互、交互流程自动化与操作自明化等设计手段,为用户提供符合场景特点和交互需求的交互设计方案。从使用人群角度分,可分为老年人智能产品、儿童智能产品、特殊人群的无障碍智能产品。针对不同人群,智能产品的交互设计也趋向日益精细化和个性化,例如面向银发族的智能按摩椅、智能手机、智能药盒等,面向儿童的智能学习机、智能玩具、智能机器人、智能手表、智能体温计,面向特殊人群的无障碍盲人智能插座、盲文打印机等。除了一些硬件和软件结合的智能产品,软件应用类产品又囊括了生活、娱乐、服务、电商等主要类型，如淘宝网、腾讯QQ、京东等都十分注重软件交互设计的创新。苹果智能手表（Apple Watch）可以追踪分享健身记录，随时查看自己行走的步数和消耗的卡路里，可以根据自身情况选择骑车、跑步等多种室内外体能训练项目，能够清楚地了解自己的健康状况，合理安排工作、生活和学习，手机来电或信息也可以通过其查看和回复。欧普乐（OPLER）智能温控器是一款通过用户移动终端与室内智能温控硬件来调节家庭采暖的操控产品。用户可以远程控温，具有多种采暖模式选择、24小时温度曲线预设、能源计划管理、每日能耗报告等，可以快速设定房间的采暖模式，操作简单，在任何一种智能采暖模式下旋转不锈钢圈可切换至手动状态，同时启动温度数值设定。

第四节 交互设计的发展历程

交互设计源于20世纪80年代，但交互设计的核心观点与实践的萌芽很早就根植于社会生活的诸多方面。伴随着技术的提高和认知科学的发展，“交互设计”这一概念的研究视角与创新重点历经了从人机界面到人机交互、从人机交互到交互设计。现在的交互设计越来越关注用户与产品、服务或系统动态交互的全过程，人们越来越重视产品的交互体验，交互设计也可以在生活、商业、行业甚至特殊场景下创造出更多的实践、研究与经济价值，在智能化和大数据时代环境背景下，未来交互设计会继续深化其跨学科的专业特点，涉及的学科范围会越来越广、设计的边界也将不断拓展。

一、交互设计的发展历史

20世纪初期，人们在机械化大生产中逐渐认识到人机工学对日常劳作的重要带动性，通过优化人机关系来提高生产效率。一个显著例证就是车床把手的设计，其把手的转动方向与齿轮的转动方向一致，使其人机操作更加简单直观。但相对探索人机互动的新奇与热情，人们更在意怎样能够使把手使用起来更加舒适，并没有深入考虑交互界面应如何随着社会的发展而不断更新。人们对于机械的要求越来越高，人们开始将其与科学技术相结合。起初，计算机技术应用于军事科学，专家通过一些机械的设备和穿孔卡片来阅读计算机的反馈。虽然硬件功能上越来越齐全，使用起来却很复杂，出错率高，有些问题还会造成致命的伤害。一些技术并不能很好地被运用到生产实践中去。因此，人们需要专业的学习，从而更好地使用仪器。如早期打字机的键盘设计，打字机作为一个文字处理器和打印机的超级综合体，在结构上是机械化的，键盘按键和输出的内容也是一一对应的，但人们还是设想以特定的非线性规律，即以在实际英语使用中单词出现的频率这种抽象的方式来排列按键。同时键盘按键还要考虑人的触觉因素，如人的手指所能触及的最远平均距离和键盘按键之间的间距等。这项技术最早从1878年生产的雷明顿2号打字机的实体键盘，到如今的虚拟键盘都一直被沿用。

交互设计从产生到被正式提出以来，至今共经历了四个主要发展时期：初创期、奠基期、发展期和提高期。

（一）初创期（1929—1970年）

1959年，美国学者B. Shackel发表了人机界面的第一篇文献《关于计算机控制台设计的人机工程学》；1960年，Liklider JCK首次提出人机紧密共栖的概念，被视为人机界面的启蒙观点；1969年英国剑桥大学召开了第一次人机系统国际大会，同年第一份专业杂志《国际人际研究（UMMS）》创刊。在这一时期业界开始逐渐关注人机界面学的研究，一些学者开始注意到人在产品设计过程中的影响力，特别是计算机工业产品，在一些会议上也提出了相关的概念，开始注重人机界面理论知识的重要性，也标志着交互设计理念的初步形成。

（二）奠基期（1970—1979年）

1970—1973年，学界陆续出版了一些与计算机相关的人机工学专著。1970年，成立了两个HCI（Human-Computer Interaction，人机交互）研究中心，一个是英国的拉夫堡大学（Loughborough University）的HUSAT研究中心，另一个是美国施乐（Xerox）公司的PaloAlto研究中心。1975年MIT的Muriel Cooper发起了Visible Language Workshop项目，1979年Martin Elton在纽约大学创立了交互式电信项目，许多相关学者、学校纷纷开始设立研究机构，希望通过实践的论证能够在人机界面上有更大的突破，从而进一步探索交互设计的理论基础和技术框架。

（三）发展期（1980—1995年）

在理论方面，20世纪80年代初期，又相继出版了一些专著，对新的交互研究成果进行了总结，人机交互学科逐渐形成自己的理论体系和实践基础，从人机工程学科独立出来，成为一个新的设计领域，并受到认知心理学、行为学和社会学等其他学科的理论影响。1984 年，IDEO 的创始人 Bill Moggridge 在一次设计会议上首次提出了“交互设计”的概念，这标志着交互设计正式成为一门学科。1994 年，卡内基梅隆大学成立了第一个正式命名为“交互设计”的学术课程，进一步推动了交互设计的发展。

在实践方面，伴随着科技进步和人机界面的拓展，人们开始关注计算机对人的交互反馈作用。“人机界面”也被“人机交互”所取代，HCI 中的“I”也由“Interface”替换成了“Interaction”，从对单纯的交互界面设计拓展到对整体用户体验的关注。

(四)提高期(1996 年至今)

随着高速处理芯片、多媒体技术和移动互联网的迅猛发展和普及，人机交互的研究重点也被转移到了智能化交互、多媒体交互和虚拟交互等方面，围绕着以用户为中心进行物质与非物质的设计，通过信息技术构建人与产品及服务之间的协同关系，并基于多学科的知识融合，以保证可用性和提升用户体验为目标，关注以人为本的用户需求。

二、交互设计的发展现状

交互设计虽然最早来源于国外，在国内的引入时间相对较短，但发展速度迅猛，不仅受到设计师的关注，也渗透进企业、服务业等多个领域，成为驱动行业创新发展的重要原动力。

(一)国外交互设计发展现状

国外交互设计的理论与实践方兴未艾，正处于理论与实践的双重繁荣期，其研究者和实践者来自不同领域，其研究数量和价值已几乎可以和视觉设计、产品设计、行为分析、心理学等相关的学科理论并驾齐驱，在理论研究上已经形成比较完整的体系和方法，并在此基础上不断完善。2005 年，世界上第一个交互设计委员会(Interaction Design Association，IDA)在美国正式成立，并得到迅速发展，随后在不同国家建立了分支机构。国外一些对交互设计有较大影响的学者和理论贡献如表 1-2 所示。在这些理论研究基础上，人们不断探索交互设计在不同领域的应用，如人们生活中所用的智能手机、医院自助终端机和网络在线服务平台等产品无一不是交互设计的实践成果，展现了其在提升用户体验、优化服务流程方面的巨大潜力与无限可能。

表 1-2　国外交互设计著名学者和理论贡献

名字	贡献	著作
比尔·莫格里奇（Bill Moggridge）	首次提出“交互设计”概念	《交互设计》
比尔·维普朗克（Bill Verplank）	在斯坦福大学创办人机交互设计课程，提出交互设计从工具走向时尚	
艾伦·库珀（AlanCooper）	提出以目标为导向的设计方法	About Face《软件创新之路一冲破高技术营造的牢笼》
唐纳德·诺曼（Donald Arthur Norman）	倡导以用户为中心，提出交互的三个层次，即本能层、行为层和反思层	《设计心理学》《情感化设计》《未来产品的设计》等
格莉安·史密斯（Gillian Crampton Smith）	在英国圣马丁学院开设图形设计与计算机的课程，在英国皇家艺术学院创建交互设计课程，建立伊夫雷亚交互研究所	—
石井裕（Hiroshi Ishii）	麻省理工学院媒体实验室 Tangible Media Group 创始人，实体交互界面最早的研究者，提出“Tangible Bits”概念	—
特里·温诺格拉德（Terry Winograd）	成立关于人、计算机和设计的项目	《软件设计的艺术》
比尔·巴克斯顿（Bill Buxton）	从人文角度创造、研究和应用互动的系统，重点探讨人机交互及科技的用户层面	《用户体验草图设计》
约翰·梅达（John Meada）	主张将艺术与科学、技术、工程、数学相结合，将电脑程序尖端计算与艺术优雅表现完美结合	《简单准则》

（二）国内交互设计发展现状

交互设计在国内起步相对较晚，与国外还有一定的差距，但近年来随着互联网和移动互联网的普及，交互设计的研究和应用发展迅猛。在实践方面，基于 Web 平台的交互设计、移动终端交互设计等得到快速的发展，工业设计和产品设计领域的交互设计部分也占据着重要地位。一些经济较发达的城市如北京、上海等，相继成立了洛可可、腾讯、阿里巴巴、小米等交互设计机构。目前，中国的产业界正在由“中国制造”向“中国创造”的方向迈进，2000 年，成立中国欧盟可用性研究中心（Sino European Usability Center，SEUC）。这是中国交互设计和可用性研究领域的里程碑事件，是国内第一个可用性工程中心，其建设由欧盟第五框架计划、中国政府中欧科技合作计划及欧盟 Asia-ITC 计划项目提供支持，是欧盟可用性支持网络 Usability Net 成员单位；2004 年，中国可用性专业协会（UPA China）成立于上海，标志着交互设计作为一个全新的概念正式走上中国用户界面设计（UI）行业的舞台；2005 年，越来越多的公司开始建设“用户体验”部门，软件行业更是把体验上升到了企业品牌竞争的高度；2007 年，随着信息化建设的变化和国家创意战略的提升，用户体验开始成为热门话题，国内也相继衍生出很多关于交互设计和用户体验的社区，如 UI 中国、人人都是产品经理、优设网和一些相关公众号等；2010 年，广东省工业设计协会交互设计专业委员会成立，同年举办了第一届“中国交互设计体验口”，并且一直延续至今。2014 年，中国成立了中国工业设计协会信息与交互设计专业委员会，并在清华大学举办了第一届大会，其名称体现了中国设计领域对交互设计的思考和探索。交互设计在我国经历了从美工、图形用户界面（GUI）、用户界面（UI）、交互、可用性、用户体验的过程。目前最热门的平板电脑、智能手机、智能家电等，均把交互设计作为产品差异化战略的重要组成。

小米手环是国内交互设计发展中的一个典型案例，符合国内市场需要，性价比高，功能全面且待机时间长。它的主要功能包括查看运动量、监测睡眠质量和智能闹钟唤醒等。可以通过手机应用实时查看运动量，监测走路和跑步的效果，可以识别更多的运动项目。可自动判断用户是否进入睡眠状态，同时记录用户深睡、浅睡和总睡眠时间，帮助用户监测自己的睡眠质量，特别是它的智能闹钟功能，设置成功后，手环会以震动的方式唤醒用户，不会打扰他人，基本上可以取代手机闹钟了。阿里巴巴也是国内互联网行业发展较快、技术较领先的企业，阿里巴巴旗下代表产品有支付宝、淘宝、菜鸟裹裹等。2016 年，天猫“双十一”推出的品牌海报，2017 年，推出的 H5 动效、虚拟商业街等吸引眼球的活动，让用户体验了不同的购物方式，感受到了科技的力量，也正是这些技术的支持，才能让公司日益壮大，更好地为用户提供服务。

交互设计研究的热点是“用户”，用户研究集中在用户行为和认知方面，多采用讲故事、任务分析、计算机符号学、人机交互系统等方法，研究对象多见于健康、绘本、儿童、教育及文化等领域，如数字化文本互动和视觉设计方面。常见的 App 应用设计，就是数字化交互设计的典型研究对象。交互设计可向更多的应用领域拓展，如更多实体交互设计方面的用户研究。交互设计研究与应用目前更多集中在移动互联网方面，其中电子商务、社交网站的用户界面和需求研究是热点，用户研究多集中在用户体验、认知和行为方面，包括用户模型构建与评价，运用 3D 交互计算机技术等数字化手段对人的心理及行为进行模拟等，协同设计是常用的设计研究方法。交互设计目前已由相对集中在互联网层面的数字设计扩展到生活的诸多方面，例如虚拟试衣、互动式读物等领域，设计重点已经从人与机器的互动，上升到注重人们的生活品质和体验，即从物质功能层面向精神体验层面扩展。

三、交互设计的发展前景

随着信息技术的发展和人们生活方式的变化，未来的交互设计创新研究还有更多的想象空间。交互设计不仅指在视觉、听觉与触觉方面的交互，还会延伸到嗅觉和味觉各种感官在时间和空间上的交互体验。随着科技的进步，交互的模式也越来越多样化，如全息体验、服务设计和协同共享等。

（一）全息体验

交互品质也称为体验品质，是人在使用产品时才会产生的特有属性，也就是说这种属性只有通过积极地与产品、系统和服务等交互才能够得到体现。确定产品的体验品质有助于为产品设计提供方向，为产品开发提供数据并为产品可用性测评提供标准。未来的交互方式是多种多样的，从现在已有的建立在 3D 投影技术上的虚拟现实（Virtual Reality，VR）体验、动作捕捉技术的体感游戏来看，未来的体验可能是全面的、全方位的，一个动作的执行、一个声音的输出让眼、耳、口、鼻等都能够感受到。未来的交互应当与情感相结合，通过面部表情传达心情，人的语调、语速能够表达人对待事物的态度和情感，动作的力度、速度能够表达用户的心理和生理独自。《微软未来愿景》短片表现了扁平化设计仅仅是自然用户界面的开端，今后可以结合触摸、语音、传感器的控制，以及多媒体、多种控制方式和云概念等共同打造更友好的体验。

黑科技，原意指非人类自力研发的，凌驾于人类现有的科技之上的知识，引申为以人类现有的世界观无法理解的猎奇物，是指远超越现今人类科技或知识所能及的范畴，目前缺乏科学根据并且违反自然原理的科学技术或者产品；没有科学依据但很厉害，又打着科技的名义，用起来和魔法一样的东西。通常情况下，当前人类无法实现或根本不可能产生的技术或者产品统称为黑科技，其标准是不符合现实世界常理及现有的科技水平。英国 Perseus 智能镜内置了显示屏及处理器，可以在照镜子的时候看视频关注天气等。Perseus 智能镜搭载四核处理器，支持 WiFi、摄像头、蓝牙、麦克风及外放功能。其外形看起来像一面普通的镜子，但是当启动后，在镜子中可以看到所显示的时间、天气、新闻等信息，可以安装软件看视频，还可以打开摄像头自拍，并实现 AR 化妆体验。

（二）服务设计

服务设计是在注重产品交互方式的同时，关注不同方式给用户带来的体验，服务越来越成为设计师在设计产品时所关注的焦点。服务设计是有效地计划和组织一项服务中所涉及的人、基础设施、通信交流及物料等相关因素，从而提高用户体验和服务质量的设计活动。服务设计既可以是有形的，也可以是无形的；客户体验的过程可能在医院、零售商店或街道上，所有涉及的人和物都为完成一项成功的服务传递着关键的作用。服务设计将人与其他诸如沟通、环境、行为、物料等要素相互融合，并将以人为本的理念贯穿于始终。服务设计的关键是用户为先、体验流程追踪、所有接触点分析，以打造完美的用户体验。贵州铜关村文旅服务设计，在项目前期深入挖掘铜关村的困境问题，重估乡村价值，结合物联网技术，选择合适的设计方式。旅游体验需要注重旅游前、旅游中、旅游后三大核心设计重点，挖掘潜在的利益服务缺口，将整个旅游体验梳理完善，形成服务体验闭环，让外来游客和当地村民相互受益，形成系统化设计。通过开发智能应用及铜关村旅游文化和服务等，提供线上景点介绍、住宿预订、预订当地特色餐等，让游客拥有愉快的线上体验。线下注重乡村的品牌文化，其独具特色的侗族建筑、侗族布艺、侗族美食、侗族大歌等，更为侗族特色茶文化提供销售出路，通过有形的服务带来无穷的体验，让村民对自己的家乡充满归属感和自信心。

(三)协同共享

随着人们生活方式的改变，协同共享的模式已悄然而生，并逐渐被人们所接受，从而催生出一种新的经济模式——共享经济。共享经济是指以获得一定报酬为主要目的，基于使用者互为陌生人且存在物品使用权暂时转移的一种新的经济模式，是目前常见的一种经济模式，如共享打车、共享单车、共享充电宝、共享雨伞等形式。共享经济目前涉足的领域较多，包括衣(共享服装)、食(共享厨房)、住(共享住宿)、行(共享出行)和用(共享充电等)，除此以外还有很多应用领域，如物品共享、空间共享及技能共享等。共享经济模式下是人们生活方式的变迁，其共享的初衷是提高社会闲置资源的利用率，优化社会资源的再分配过程。美团单车是无桩借还模式的共享单车，通过智能手机实现快速租用和归还。其致力于解决城市出行问题，倡导绿色出行理念，通过整合自行车产能及供应链，为各城市提供便捷高效的绿色出行服务。领先的移动物联网智能锁技术，使用户可以通过手机解锁骑行，随取随用，从而建立起从用户舒适骑行到以物联网为载体、人工智能为核心的科技闭环，推动了城市绿色交通体系及城市信用和智慧城市建设。

随着共享单车的日益普及，人们对于出行体验的要求越来越高，除了短途出行，还希望能够满足长途自由出行，于是城市共享汽车孕育而生。沈阳市推出的共享宝马汽车，车上加装车载 WiFi、指纹介入、人脸识别、酒精测试、智能语音等功能，用户通过手机扫描车门上的二维码，注册并缴纳押金，即可打开车门启动开走，计费方式依据公里数来计算。

第五节　交互设计的五要素

正如我国交互设计著名学者辛向阳教授的观点，交互设计是关于行为的设计，交互设计的五要素包括目的、用户、场景、媒介、行为，如图 1-1 所示。其目的是通过优化用户与产品之间的交互，提升用户体验和产品价值。这五要素共同构成了交互设计的基础框架，确保设计能够有效地支持用户达成他们的目标。

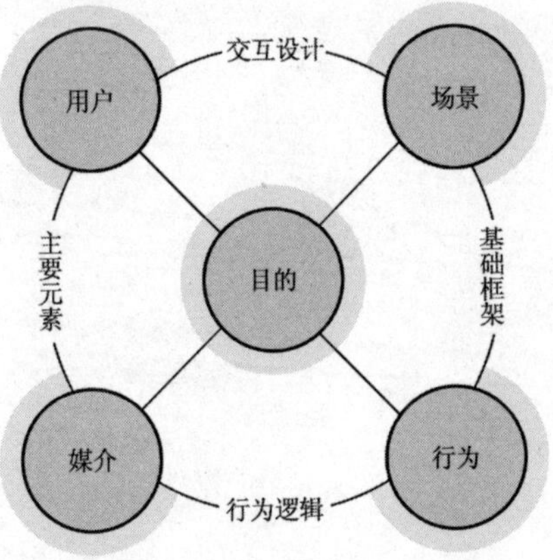

图 1-1 交互设计主要设计元素

一、目的

目的定义了产品的核心价值和功能，是交互设计的基础。它指导着设计的方向，确保所有设计决策都围绕提升用户体验和满足用户需求展开。

二、用户

用户是交互设计的核心，包括用户的需求、期望和行为模式。了解用户是设计有效交互的关键，它涉及用户研究、用户测试和用户反馈的收集与分析。

三、场景

场景指的是用户使用产品的环境和情境。不同的使用场景对交互设计有不同的要求，如公共场所与私人空间的使用习惯和需求差异。

四、媒介

媒介涉及产品本身及其物理和数字特性，如设备的屏幕大小、操作方式等。媒介的选择直接影响着交互设计的实现方式和用户体验。

五、行为

行为是用户与产品互动的具体方式，包括点击、滑动、拖拽等操作手势。行为设计应符合用户的自然预期，使操作过程流畅、直观且易于理解。

这五个要素相互关联，共同影响着交互设计的最终效果。设计师需要综合考虑这些要素，以确保设计的交互既符合用户的期望，又能有效地支持用户达成他们的目标。

第二章

数字智能技术的发展

在现代设计领域，科学技术的持续进步与现代传播媒介的信息化浪潮，正引发着一场深刻的变革。特别是数字智能技术与手段的广泛应用，正在重塑设计的传播模式、媒介渠道、思维维度以及分类体系。本章节将从大数据与云计算、物联网与移动技术、虚拟增强现实技术和人工智能等几个关键领域深入探讨数字智能技术的发展。

第一节　大数据与云计算

一、大数据技术

在"数据就是生产力"的智能信息时代，大数据技术的快速发展可为交互设计提供海量数据源，设计师可以利用这些数据进行用户行为分析、趋势预测等，从而设计出更符合用户需求的交互界面和体验。以下将从定义、技术原理和数据分析的角度来简介大数据技术的发展情况。

（一）定义

大量的数据被称为大数据或海量数据，它们无法通过常规的软件工具在有限时间内进行捕获、管理和处理。它呈现出快速增长和多样化的趋势，因此需要采用全新的处理方式，才能充分发挥其决策、洞察和流程优化等方面的潜力。维克托·迈尔-舍恩伯格（Viktor Mayer-Schonberger）和肯尼斯·库克耶（Kenneth Cukier）在《大数据时代》一书中强调，大数据的分析方法与传统的简便方法（如随机分析法和抽样调查）截然不同，它利用所有可获得的数据进行分析和处理。

大数据的特征通常可通过四个 V 来概括，即大量（volume）、多样（variety）、价值(value)和速度(velocity)。首先,数据规模庞大。数据容量从TB级别飙升至PB级别,然而有些大型企业已经积累了接近EB级别的数据量。其次,数据格式有许多不同的种类。多样的数据可以归为两种类型:结构化数据和非结构化数据。相较于过去被专注存储的结构化数据,如网络日志、音频、视频、图片、地理位置等,非结构化数据正变得越来越常见。这种多源数据类型需要更高的数据处理能力。再次,价值密度不高。数据总量的大小与价值密度成反比。监控过程中,视频数据持续不断地产生,但仅有短短的一两秒钟是有用的信息。最后,反应迅速。1秒定律和传统的数据挖掘技术存在显著的差异。各类传感器、个人电脑、平板电脑、智能手机、车联网等各种技术设备都充当数据来源或传输通道,这些设备和技术广泛分布于全球各地,如物联网、云计算、移动互联网等。

(二)大数据技术原理

大数据技术原理涉及多维度技术体系,旨在高效处理与分析海量数据,以挖掘其潜在价值并推动各领域发展。其核心环节包括:

1. 数据采集与整合

利用ETL(Extract,Transform,Load)工具从多样化数据源(如关系数据库、非结构化文件等)中抽取数据,经转换与清洗后,整合至数据仓库或数据集市,为后续分析奠定基础。

2. 数据存储与管理

采用关系数据库、NoSQL非关系数据库等技术,结合结构化查询语言(SQL)及分布式存储系统,实现数据的高效存取与灵活管理。

3. 数据处理与分析

涵盖自然语言处理(NLP),旨在提升计算机对人类语言的理解能力,以及一系列统计分析方法(如假设检验、回归分析、因子分析等),用于深入剖析数据内在规律。

4. 数据挖掘

运用分类、估计、预测、关联规则挖掘、聚类等算法,从复杂数据集中发现隐藏模式与知识,支持对文本、网络、多媒体等复杂数据类型的深度挖掘。

5. 模型构建与预测

基于机器学习、建模仿真等技术,构建预测模型,实现对未来趋势的精准预测与决策支持。

6. 结果可视化与展示

借助云计算平台、标签云、关系图等可视化工具，将分析结果以直观、易理解的方式呈现，提升信息传达效率与决策质量。

综上所述，大数据技术通过集成数据采集、存储、处理、分析、挖掘、预测及可视化等关键技术环节，构建起一套完整的数据处理与分析体系，可为交互设计提供精准的用户行为分析、实时的设计优化、创新的驱动力以及隐私保护与伦理考量的指导。

（三）大数据分析

大数据分析可帮助交互系统识别不同用户的需求偏好和行为特征，有利于为用户提供更个性化的产品与服务推荐。大数据分析是一个多维过程，囊括从数据收集到分析的多个环节，其中五个基本方面主要包括：

1. 可视化分析

大数据分析的使用者包括专家和普通用户。不论任何人，他们都希望进行视觉化分析，因为这种方法可以直观地呈现大数据的特征，同时易于理解，如同观看图片一样容易。

2. 数据挖掘算法

数据挖掘算法是大数据分析的理论基础，它们根据不同的数据类型和格式，准确呈现数据的特点。这些算法是经过全球统计学家共同认可的有效统计方法（或称可靠准则），它们为我们提供了深入探索数据内部并挖掘潜在价值的帮助。此外，这些数据挖掘算法还可以加速对大数据的处理。

3. 预测性分析能力

在大数据分析中，预测性分析是应用最重要的领域之一。该领域的核心是从大量的数据中寻找特征，并创建科学模型，以利用模型预测未来数据趋势，实现对新数据的预测。

4. 语义引擎

在网络数据挖掘领域，通过使用大数据分析技术来研究用户输入的搜索词、标签或其他语义信息，可以识别用户的需求，从而提供更加优质的用户体验和广告匹配服务。

5. 数据质量和数据管理

想要进行有效的大数据分析，需要重视好数据的质量和加强对数据的管理。保证数据的高质量和有效管理是确保研究和商业应用领域分析结果真实可靠并具有价值的必要条件。上述五个方面构成了大数据分析的基础,当然在进行更为深入、专业的大数据分析时,还有许多更具体和垂直的大数据分析方法可供采用。

二、云计算

云计算的发展为各行各业的数字化发展都提供了弹性又可拓展的算力与储存资源,同时也令交互设计的开发与部署更加灵活高效,有效降低了设计与开发成本。

(一)基本概念

云计算技术是指通过互联网,从专门的数据中心,向用户提供可扩展的定制性服务和工具。这一技术几乎无须本地进行数据处理,也不消耗本地存储资源。云计算支持协作、文件存储、虚拟化,并可定制使用时长。

云计算是一种按量付费的模式。这种模式能够提供快捷、按需使用以及无线扩展的网络访问进入可配置计算机的资源共享池。资源共享池中包含了五大重要元素:网络、服务器、存储、应用软件和服务。因此,使用者只需投入很少的管理工作,或与服务提供商进行很少的交互就能实现资源的快速提供。目前云计算还处于基础阶段,现在的云计算被分为三层:基础设施、平台和软件。基础设施类似电脑主机,其实质是大规模的主机集群。平台的地位大致相当于计算机系统,是开发和运行程序的基础。软件则包括各种各样主题的应用程序。云计算环境的数据安全可靠、客户端需求低、高灵活度,具有超大算力。

(二)技术原理

1. 虚拟化技术

在云计算中,虚拟化技术的运用至关重要。通过为基础设施提供支持,它促进了 ICT 服务向云计算服务的快速转型和发展。云计算服务的实现与成功必须依赖于虚拟化技术的支持。尽管虚拟化是云计算的重要组成部分,但它并不代表云计算的全部内容。通过实施虚拟化技术,使系统具备更大灵活性和弹性的同时,还可有效降低成本、提高资源利用效率、改善服务质量等。

基于外观视角,虚拟化可归结为两种应用模式。一是通过虚拟化技术,可以将一台强大的服务器划分为多个独立的小服务器,以满足各用户的不同服务需求，从而达到更高效的资源利用。二是对多台服务器进行虚拟化，并将它们合并成一个拥有特定功能的高效服务器。这两种模式的中心思想均在于实现资源的统一管理和动态分配，最终达到提高资源利用率的目的。这两种模式被广泛应用于云计算领域。

2. 分布式数据存储技术

分布式数据存储技术是云计算架构的核心支撑之一，其核心价值在于通过将数据分散存储在多个物理节点上，不仅实现了处理性能的大幅提升，还显著增强了数据的可靠性与可用性。这种技术架构通过协同工作的多台存储服务器，在分布式网络环境中有效分担存储负载，结合位置服务器的精确指引，实现了数据的高效存取与管理。其优势不仅限于提升系统稳定性、增强可用性与处理效率，更在于其出色的扩展性，能够灵活应对云计算环境中数据量的快速增长。

在学术与实践领域，Google 文件系统（GFS）与 Hadoop 分布式文件系统（HDFS）是分布式存储技术的杰出代表。GFS 作为谷歌非开源云计算平台的一部分，以其强大的并发处理能力和高可扩展性，成功支持了海量用户服务的持续稳定运行。而 Hadoop 作为一个广受欢迎的开源项目，其 HDFS 组件为大数据处理提供了坚实的存储基础，被众多 ICT 企业（如 Yahoo、Intel 等）在其云计算计划中广泛采用。未来，分布式数据存储技术的发展将聚焦于数据存储的安全性、加密技术以及数据防护机制的完善，旨在进一步提升数据处理效率的同时，确保数据的完整性与隐私保护。这些努力将共同推动云计算技术向更加成熟、安全、高效的方向迈进。

3. 编程模式

最初分布式并行编程模式的设计意图是为了充分利用软硬件资源，以提高应用程序或服务的响应速度和用户体验，实现更高效、更便捷的使用体验。在分布式并行编程模式下，用户可以享受到自动处理复杂任务管理和资源调度的优势，无须过多关注这些过程，从而获得更好的使用体验。

目前，作为一种并行编程模式，MapReduce 已经广泛地应用于云计算领域。MapReduce 模式利用自动任务分配和两阶段 MapReduce 操作，在大规模计算节点上实现了高效的任务分配和处理。Google 所开发的 MapReduce 编程模型可以支持处理超过 ITB 的大规模数据集，并支持使用多种编程语言，如 Java、

Python、C++等。MapReduce模式的理念在于将问题拆分为两个步骤，即Map和Reduce。Map阶段将数据切成独立的片段，分配给多个计算机进行处理，以实现分布式计算。在Reduce阶段，将处理结果合并并输出。这种方式能够保持文字意思的准确性，但用词更加简明扼要。

4. 大规模数据管理

数据管理是云计算领域需要应对的一个重要问题。除了确保数据存储和访问的安全性，云计算还需要具备特殊的检索和分析能力，以便处理大量的数据。因为云计算需要处理和分析大量分散的数据，所以数据管理技术必须具备高效处理和管理大量数据的能力。

BT(Big Table)数据管理技术与HBase数据管理模块是被广泛认可的、优秀的大规模数据管理解决方案，它们分别由Google公司和Hadoop团队开发。BT是一种使用Map结构对数据进行管理的非关系型数据库技术，它具有分布式架构和提供持久化存储的功能。这个工具提供多种排序选项，可以有效地对数据进行管理。Big Table采用如GFS、Scheduler、Lock Service和MapReduce等技术来开发其自身系统。与传统的关系型数据库不同，该系统会将所有信息转为对象，随后创建一个广阔的表格，方便于分散式储存大量的有组织数据。

HBase是一个基于列的分布式开源数据库，它属于Apache Hadoop项目的一部分。HBase与传统的关系型数据库不同，它被设计用于存储非结构化数据。相较之下，HBase采用了基于列的存储方式，而非基于行的存储方式，这是与其他数据库的一个显著的区别。HBase是一个出色的可扩展的分布式存储系统，同时也具备高可靠性，这使它在性能方面表现极佳。利用HBase技术，我们能够在低成本的个人电脑服务器上创建一个可扩展的、大规模的结构化数据存储集群。

5. 分布式资源管理

同时运行多个节点的执行环境时，需要保持节点状态同步，以确保正常运行。此外，还需要在出现故障时提供有效机制，以防止故障节点对其他节点的影响。维持系统正常运行的一个重要技术就是分布式资源管理系统。

此外，云计算系统处理的资源规模通常极大，涵盖数百台至数万台服务器，并且可能横跨多个地理区域。云平台托管大型应用程序资源的稳定运行和提供可靠服务需要具备卓越的技术支持和管理能力。因此，可以毫不怀疑地说，分布式资源管理技术的重要性是不言而喻的。

云计算方案和服务提供商在全球范围内都在积极投入研究和开发,以不断提升其相关技术水平。一种方法,类似于谷歌公司内部所使用的 Borg 技术方案,用于解决问题。此外,在云计算领域,微软、IBM 和 Oracle/Sun 等大型企业也发布了相应的解决方案。

6. 信息安全调查

在云计算领域中,安全问题跨越了多个领域,如网络、服务器、软件和操作系统。因此,我们需要进行全方位的保护措施来确保安全。一些专家认为,随着云安全技术的兴起,传统安全技术将迎来一个全新的发展阶段。

在最近几年里,关于云计算安全问题的关注度越来越高,很多的软件和硬件安全企业都开始积极研发安全产品和解决方案以应对这个挑战。越来越多的传统安全厂商,如杀毒软件、软硬防火墙和 IDS/IPS 厂商,已经加入了云安全行业。

7. 云计算平台管理

管理云计算资源是一个极具挑战性的任务,因为云计算存在着大规模的资源和服务器,它们分布在不同地方,并同时运行着数百种复杂的应用程序。为了保证大量服务器资源得到最佳利用,云计算系统的平台管理技术需要具备出色的资源调配能力,以实现高效的协同工作。云计算平台管理技术的作用是实现轻松便利的新业务部署,快速检测并纠正系统故障,采用智能化措施,自动化地确保大规模系统的可靠运营。云计算供应商可以选用三种不同的部署模式,包括公共云、私有云以及混合云,以适应不同的需求。平台管理需要根据不同的模式做出不同的要求。由于不同用户对 ICT 资源共享控制的程度、系统效率和 ICT 成本投入等方面有各自的要求,需要考虑不同规模和管理能力的云计算系统。因此,在设计管理云计算平台方案时,应更关注满足各种不同场景下的应用要求,为每个用户提供更具体、更个性化的定制方案。

Google、IBM、微软、Oracle/Sun 等公司均已推出各自的云计算平台管理解决方案。执行这些计划可以帮助企业整合其硬件和软件资源,从而更有效地管理基础设施、调度、备份等各项管理任务,实现资源分配、部署和监控的更高效率。消除应用对资源的垄断可以使企业的云计算平台充分发挥其价值。

8. 绿色节能技术

保护环境、节约能源已经成为全球共同面临的重要议题。云计算以费用低廉、效率高为其特点。云计算能够在优化资源利用的同时,节省大量能源,从而实现巨大的规模经济效益。云计算已经离不开绿色节能技术,而且未来还将有更多节能技术被引入云计算之中。

云计算通过对计算资源进行动态分配与快速迭代来进一步提升交互设计的灵活性和可拓展性,提高交互系统的响应速度,令交互设计可以轻松跨平台运行、保证交互体验的一致性与稳定性,也为新技术在交互设计中的运用提供了算力支持。

第二节　物联网技术与移动技术

物联网技术和移动技术的快速发展给交互设计带来了许多积极影响,物联网技术的更新令数字设备之间可进行更广泛的连接和通信,扩大了交互设计的方式;移动技术的进步让用户可以随时随地访问物联网设备和服务,拥有无缝连贯的交互体验。

一、物联网技术

(一)物联网的定义

真正的"物联网"概念最早由英国工程师凯文·艾什顿(Kevin Ashton)于1998年春在宝洁公司的一次演讲中首次展现。艾什顿的物联网观念十分直接:他提出通过使用射频识别等信息感应器件,将所有物品接入互联网,从而实现对物品的智能化辨认和管理。物联网可以说是"物物相连的智能互联网"。其核心包含着三个层面的含义。

第一,物联网的主要结构和基础依旧是互联网,它代表着在互联网的基础上的进一步扩大和深化。

第二,它的用户接口扩展到了任何物体与物体之间,使得它们能够实现信息的交换和通信。

第三,这个网络具备智能化特性,能够实现智能控制、自动监控以及自动操作。

通过上述三层含义进行汇总得到现在公认的含义:物联网利用射频识别(RFID)、全球定位系统等信息传感工具,根据特定的协议,将各类物品与互联网链接在一起,即可以将信息进行变换并且可以进行通信,从而完成对物品的智能化辨识、定位、追踪、监测和管理的一种网络形式。

(二)物联网的特征及发展意义

1. 物联网的特征

(1)实时性强

物联网由于在信息采集层能够实时地去工作,因此能确保获取的信息不仅具有实时性并且具有真实性,这样在很大的程度上让决策处理的及时性和有效性能够得以保证。

(2)覆盖广泛

鉴于信息采集层的设备相对经济,物联网可以在大范围内收集、分析和处理现实世界中的信息,进一步提供充足的数据与信息,这样就可以在决策处理过程中保证有效性。Adhoc 技术慢慢进入人们的视野,具备无线自动组网能力的物联网又一次将其感知范围进行了扩展。

(3)高度自动化

物联网的设计目标是通过使用自动化设备取代人力操作。其三个层次的设备均能够进行自动化控制,所以,一旦物联网系统部署完成,通常人工无须介入,这不仅提升了运行的效率、降低错误发生的可能性,同时也能减轻维护的负担。

(4)无时无刻

物联网系统在部署以后,其自动化运行无须人工插手,这意味着其运作几乎不会受到环境和气候的束缚,可以做到 24 小时不间断的工作。这就保证了整个系统的稳定性和效率。

2. 物联网的发展意义

物联网具有巨大的市场潜力,这是由于它将最新的 IT 技术应用到各个领域。简单来说,物联网将各类感应和传感器融入电网、铁路等物体中,然后与如今的互联网进行连接,形成了一个连接人类社会与物理系统的网络。在这个联网系统中,强大的中心计算机集群具备实时管理和控制网络内的人员、机器、设备和基础设施的能力。

物联网的应用范围涵盖了众多领域,包括智能交通、环保事业、政务服务、花卉种植、公众安全、个人健康、家居安全、工业监控、水质监测、食品追踪等。

(三)物联网技术原理和分类

1. 技术原理

物联网是一个通过各类信息感知设备,如传感器、全球定位系统等实现的巨大网络。它可以实时获取任何需要被监测、连接或交互的物体,又或是过程的声音、电流等各种必要信息。这个网络与互联网相结合,使得物品(商品)可以互相“交流”,并且无须人类参与。本质上,物联网通过 RFID 技术,利用计算机互联网完成物品(商品)自动识别以及信息的联接和共享。其目的是实现物与物、物与人,所有的物品与网络的连接,方便识别、管理和控制。射频识别(RFID)技术是物联网领域的一个核心技术。RFID,即 Radio Frequency Identification 的英文简写,是 20 世纪 90 年代起流行的一种非常先进的非接触式识别技术。将 RFID 基础系统与中间件技术、网络技术以及数据库技术进行结合,可以构建一个由海量联网的读取设备与无数移动标构成的网络,这个网络的规模甚至可能超过 Internet。这预示了 RFID 技术发展的未来趋势。RFID 技术使得物品能够“自述其状”。在物联网的概念中,RFID 标签内储存着标准化且具有互操作性的信息。这些信息可以通过无线数据通信网络自动收集到中心信息的系统当中去,从而让物品能够进行识别。然后,借助计算机网络的开放的性能,完成信息的共享和交换,使得物品的管理变得“透明化”。

“物联网”的概念颠覆了传统的思维模式。原本,我们习惯于将物理基础设施和 IT 基础设施视为两个不同的领域:一部分包括机场、公路和建筑物,另一部分则包括数据中心、个人电脑等。然而,在物联网的时代中,钢筋混凝土和电缆将与芯片、宽带融合,形成统一的基础设施。在这个层面上,这样的基础设施更像是一片全新的地球工地。

2. 物联网技术架构

物联网的技术层级主要分为感知层、网络层和应用层。感知层可以被视为物联网的“皮肤”和“感官”,它负责识别物体并收集信息。这一层包含二维码标签与读取器、RFID 标签和读写器、GPS、传感器等,主要任务是物体识别和信息收集,这与人体的皮肤和感官功能有着类似的作用。

网络层可以被比喻为物联网的“神经系统”和“大脑”,作为信息传递和处理的核心。该层包括通信网络、网络管理中心、信息中心等。网络层的职责是传输通过感知层得到的信息,并进行处理,这与人体的神经系统和大脑扮演的角色相似。

应用层是物联网与行业专业技术深度结合的地方，它结合行业需求，推动行业智能化。这个过程可以类比为人类世界上的社会分工，并且最后会构建起人类社会。物联网注定要催化中国乃至世界生产力的变革。

物联网的关键领域主要有以下三个方面：①传感网络：这是一个通过各种传感器，监测与集成包含温度、湿度等这些物理现象的网络，同时还是“感知中国”这一概念的重要基础之一。②M2M：该概念在国外发展时间较久，侧重于末端设备的互联和集控管理，中国三大通信营运商都在推 M2M 这个理念。③两化融合：在推动物联网产业发展中，工业信息化发挥着关键作用，尤其在自动化和控制行业。

二、移动技术(5G)

(一)移动技术(5G)定义

5G，即第五代移动通信技术，标志着移动通信领域的一次革命性飞跃。它不仅提供了每秒数 10GB 的惊人数据传输速度，还以其灵活性支持广泛的智能设备。5G 的关键技术包括大规模天线阵列、超高密度网络、创新多址接入、全频谱利用和前沿网络架构，共同铸就了 5G 的五大核心优势：高速率、低延迟、低功耗、广泛连接和高度可扩展性。

(二)5G 技术发展的重要节点

由于 5G 技术将可能使用的频谱是 28 GHz 及 60 GHz，属极高频(EHF)，因此与目前常用的电信业频谱(如 2.6GHz)相比，5G 频谱要高得多。尽管 5G 能够提供极快的传输速度，达到 4G 网络速度的 40 倍，并且具有低延迟，但其信号衍射能力(绕过障碍物的能力)相对会受到一些限制，并且传输距离较短。因此，需要增设更多的基站来扩大覆盖范围。

自 2009 年起，华为技术有限公司(以下简称“华为”)开始积极进行相关技术的研究，并在接下来的几年里向公众公布了 5G 原型机基站的成果。

2013 年 11 月：华为宣布了一项 6 亿美元的投资计划，旨在加速 5G 技术的研发，并设定了 2020 年实现商用 5G 网络的目标，预计用户可享受高达 20 Gbps 的数据传输速率。同期，中国通信研究院组建了 5G 移动通信技术研究小组，专注于探索 5G 技术的关键创新点和战略发展方向。

2016年：中国通信研究院正式开展5G技术试验，IMT-2020(5G)推进组在北京怀柔建立了30个5G试验站点，以支持试验的全面展开。华为与英国电信宣布了一项战略合作，共同推进5G网络架构、新空口技术、网络切片、物联网机器通信和安全技术的研究。

2017年：中国移动启动了5G试验网，大唐电信集团负责建设，在北京、上海、广州、苏州、宁波等城市进行关键性能指标的验证。中国工信部宣布启动5G技术研发试验的第三阶段，目标是在2018年年底前达成试验的基本目标。

2018年：华为与沃达丰在西班牙完成了全球首个基于3GPP 5G新无线标准的通话测试，验证了5G技术的成熟度。中国工信部向中国联通、中国移动、中国电信发放了5G系统中低频段试验频率使用许可。AT&T宣布在美国12个城市推出5G网络服务。华为在IMT-2020(5G)推进组组织的5G技术研发试验中，以100%通过率完成了SG核心网安全技术测试。

2019年4月，华为联合中国电信江苏公司和国网南京供电公司，成功实施了业界首个基于真实电网环境的5G电力切片测试，标志着5G技术在垂直行业应用的深化。

(三)中国5G技术发展前景展望

1. 中国5G技术发展增速较快，前景一片光明

5G移动通信技术是通信技术不断发展和移动用户不断增多的必然产物，也受到了越来越多国家的关注和重视。艾媒咨询分析师认为，从基础条件来看，中国人口众多，资源丰富，近几年经济的发展更是带动了信息产业的超高速发展，整个数据处理能力正稳步提升。同时，中国发展5G还具有政策红利，国家早于2013年进行5G发展战略规划，另外华为等通信巨头频频完成技术突破，助力中国5G技术走在全球前列。

2. 5G在工业互联网领域的创新应用将是重要的经济增长点

智能制造在非常多的新兴领域中，如虚拟工厂，将实现大规模投产和应用，这将给制造业带来彻底的变革。届时，5G网络将使得柔性制造实现高度个性化生产、驱动工厂维护模式全面升级、工业机器人将直接进行生产活动判断和决策。根据艾媒咨询分析师的观点，5G和AI的结合可能会在工业互联网领域扮演核心角色，从而实现人与机器人在工厂中的共存。这一趋势将引发全新的工作岗位分配方式，并带来显著的低成本优势。

3.5G技术在用户端的应用将集中于视频社交领域

从2G到5G,用户的主要社交模式将经历从文字、图片、语音到视频的变革。目前,社交类视频平台依托4G互联网技术和移动终端的普及,用户规模增长迅速。未来5G网络成功实现商用后,将吸引更多移动终端用户使用社交类视频平台。艾媒咨询分析师认为,5G技术条件的成熟,将为社交类视频平台发展提供契机,未来还可通过智能技术和VR技术应用,进一步提升视频内容丰富度和用户交互度。

4.5G技术的应用——机遇与挑战并存

随着新一代高科技通信技术的迅猛发展,信息产业将获得高速推动,全部的产业链的每个环节都将重新组织和调整。从5G网络的建设来说,由于系统集成与服务涉及面众多,企业无法单独实现5G技术;随着5G技术的不断发展,移动网络架构将趋向扁平化,这将推动存储设备在用户端的部署,同时基站对于存储设备上面的需求也将会得到促进与增长。同时,移动通信运营商与互联网公司将从用户需求出发,深度结合。艾媒咨询分析师认为,为了在未来的5G市场持有竞争优势,各方需要通过深入的战略规划和利益权衡来抓住机遇、迎接挑战。

第三节　虚拟增强现实技术与人工智能

虚拟增强现实技术(VR/AR/MR)和人工智能技术(AI)的蓬勃发展为交互设计领域带来了诸多积极变革与拓展。从用户体验视角来看,虚拟增强现实技术可创造高度仿真的虚拟环境,令用户与数字内容进行更自然和沉浸式的互动。AI技术通过机器学习和数据分析,进一步理解用户的偏好、行为模式和需求,提供精准定制化的交互内容与方式。在信息呈现方面,虚拟增强现实技术提供了全新的三维和空间化的信息展示方式,帮助用户在虚拟三维空间中直观探索甚至操作信息;AI技术可对大量复杂数据进行处理和分析,提供给用户简洁直观的数理分析结果甚至决策预测。在设计流程和方法方面,这些技术可以加速交互设计走向真正以用户为中心和持续迭代式的创新模式,让用户直接参与设计初期原型阶段的设计与反馈,并对协同设计产生的数据进行挖掘与分析,加速迭代速度与优化质量。

一、虚拟增强现实技术

(一)虚拟现实技术(VR)

1. 定义

虚拟实境(Virtual Reality),其简称是VR技术,是一种利用计算机模拟创建的三度空间虚拟世界,它通过模拟视觉、听觉、触觉等感官,为使用者提供沉浸式的体验。虚拟现实技术融合了计算机图形学、数字图像处理等分支信息技术,形成了一种综合性的信息技术。利用虚拟现实技术,可以生成模拟的交互式三维动态视景和仿真实体行为,打造出类似客观环境又超越客观时空,能够沉浸其中又能驾驭其上的自然和谐的人机关系。简言之,虚拟现实正是由计算机创造出的让人感觉与真实世界无异的虚拟环境。

2. 基本构成

一个虚拟现实系统的基本构成主要包括:虚拟环境、真实环境、用户感知模块、用户控制模块、控制检测模块。虚拟环境包括虚拟场景与虚拟实体的三维模型。真实环境在增强现实系统中作为环境的一部分也和用户进行交互。用户感知模块包括多种感知手段的硬件设备,如用来显示的LCD显示器/头盔显示器HMD/立体投影和用来发出音效的音响设备,以及各种力反馈设施。同时也包括虚拟场景的绘制软件,不仅需要负责显示三维模型和通知其他感知设备响应,而且要依照用户控制指令进行相应的修正。用户控制模块,包括头盔跟踪器、数据手套、肢体衣等硬件设施。控制检测模块则是将用户指令解释为机器语言的软件插件。

3. 虚拟现实系统分类

根据用户参与虚拟现实的方式和沉浸程度的差异,可以将虚拟现实系统分为四个类型。

(1)沉浸式虚拟现实系统

沉浸式虚拟现实系统的设计目标是为参与者提供全身体验,使他们仿佛置身于计算机生成的虚拟环境中。这种系统通常使用头戴显示器,或者另外的一些设备,将参与者的视听觉与身体上的其他感官通过多通道方式结合起来,以创造一个虚拟体验空间,并且具有一定的完整性。借助位置跟踪器或者其他的一些手控方面的输入设备,参与者可以直接与虚拟世界进行互动。

(2)增强现实型虚拟现实系统

增强现实型虚拟现实不只是借助虚拟现实技术来模拟和仿真现实中的世界,还能够提升参与者在进行虚拟模拟之后,对于真实的现实环境的感知体验。它通过增强那些在现实中难以获取感觉,来增强参与者对真实环境的感知。

(3)分布式虚拟现实系统

分布式虚拟现实系统将分布在不同地理位置的独立虚拟现实系统通过网络进行连接,实现信息共享、多用户在共享虚拟环境内交互独立或协作完成任务。

(4)桌面型虚拟现实系统

桌面型虚拟现实系统是一种借助个人计算机与低级工作站,来仿真的一种技术,它把计算机屏幕看成用户对虚拟世界进行观察的一个入口。利用多种外部设备,如鼠标、键盘等,可以实现与虚拟现实环境进行全面互动。参与者可以借助计算机屏幕来对虚拟中的境界进行观察,在这个虚拟境界中,他们可以看到 360 度的视野。同时,他们能够利用各种输入设备以及虚拟场景进行相互之间的一个互换,并且能够操纵这里面的物体。

4.发展历史

从虚拟现实概念出现,到 2016 年虚拟现实元年开启,虚拟现实经历了三个阶段:

第一阶段:萌芽研发阶段(20 世纪 30—70 年代)。1935 年,小说《皮格马利翁的眼镜》(*Pygmalion's Spectacles*)中描述了一款虚拟现实的眼镜,被认为是世界上率先提出虚拟现实概念的作品。20 世纪 50 年代中期,摄影师莫顿·海利希(Morton Heilig)开发了名为 Sensorama 的"6D"虚拟现实设备,它不仅拥有立体声扬声器、立体 3D 显示,还拥有嗅觉、摇椅搭配,后被美军应用于军事训练领域。1968 年,计算机图形学之父、著名计算机科学家伊凡·沙日尔兰德(Ivan Sutherland)设计了第一款头戴式显示器达摩克利斯之剑(Sword of Damocles)。

第二阶段:民用探索阶段(20 世纪 70 年代—2012 年)。1987 年,可视化编程实验室的创始人杰伦·拉尼尔(Jaron Lanier),创造了术语"虚拟现实"。他的公司 VPL 也研发出了一系列的虚拟现实设备:头显 EyePhone(售价 $ 9 400);EyePhone HRX(售价 $ 49 000)以及力反馈手套(售价 $ 9 000)。但因价格问题未能推广。1993 年消费电子展上世嘉推出带耳机的 VR 眼镜原型，然而由于技术问题未能成功。1995 年任天堂推出虚拟男孩(Virtual Boy/VR-32)3D 游戏机，但由于技术原因，这款游戏机会带来严重的晕眩感，任天堂于 1 年后停止生产此款设备。

第三阶段：商用发展阶段(2012 年至今)伊始，一家新兴公司在众筹网站 Kickstarter 上推出了名为 Oculus 的 VR 设备众筹计划。这款便携式沉浸式体验设备提供了大视场角和低延迟，并以 300 美元的价格向消费者开放购买。该计划共获得 250 万美元的众筹，这家公司在获得 1600 万美元的首轮融资后，于 2014 年以 20 亿的价格被 Facebook 收购。从 Oculus 开始，HTC、索尼、三星等厂商也陆续入场。目前，虚拟现实眼镜 Oculus rift，HTCVIVE、PS VR 被称为三大虚拟现实头显设备；国内的 VR 头显厂商包括大朋、蚁视、3Glasses、暴风魔镜、小鸟看看等；著名互联网巨头包括阿里巴巴、腾讯、百度、华为、小米等；内容平台包括优酷、土豆、乐视、爱奇艺等均已开始布局 VR。2016 年被称为虚拟现实元年，从这一年开始，虚拟现实进入高速发展期。

5. 主要应用领域

(1)医学应用

VR 在医学领域的应用具有极其重要的实际意义，为医学领域带来了诸多创新与突破。医学院校可以利用虚拟环境创建虚拟人体模型，并通过跟踪球、头戴式显示器(HMD)和触觉手套等设备，使学生轻松了解人体内部各器官的结构，进行“尸体”解剖和各种手术练习。

(2)娱乐应用

VR 的沉浸感和交互能力能够将静态的艺术形式(如油画、雕塑等)转化为动态的体验，还为人们创造了虚拟旅游探险、沉浸式电影与影视、主题公园、虚拟演唱会、虚拟展览等娱乐消费新场景。虚拟现实技术在充满竞争的游戏市场中也受到了更多的关注和广泛应用。从最开始的文字 MUD 游戏算起，经过二维和三维游戏的发展，以及如今的网络三维游戏，游戏不仅保持了实时性与交互性，同时也在逐步提升逼真度与沉浸感。

(3)军事航天

在军事和航天工业中，模拟训练一直都是一个非常重要的课题，而这也为虚拟现实(VR)技术给予了一定宽阔的应用的前景。自 20 世纪 80 年代以来，美国国防部高级研究计划局(Defense Advanced Research Projects Agency, DARPA)从始至终都在研究 SIMNET 模拟网络的虚拟战场系统,该系统用于供给坦克协同训练,它能够联结超过 200 台的模拟器。此外,借助 VR 技术,还可以对零重力的环境进行模拟,这样就可以替代传统的非标准水下训练方法,对宇航员进行培训。

(4)工业仿真

工业仿真系统并非仅限于场景漫游,它是一种真正意义上,能够进行指导生产的仿真系统。该系统融合了用户业务层功能与数据库数据,构建了一套完整的仿真系统。它具备 B/S 和 C/S 这两种架构上的应用,能够与企业的 ERP 和 MIS 系统进行恰如其分的对接,同时支持主流数据库,如 SqIServer、Oracle 和 MySQL 等。

此外,虚拟现实在应急推演、文物古迹、教育学习等领域也有着巨大的应用潜力,有着其无可比拟的优势。这也进一步对交互设计的仿真与还原设计精度、多用户协作流畅性、内容模式设计等方面提出了新要求。

(二)增强现实技术(AR)

1. 内涵

增强现实(Augmented Reality,AR)通过借助计算机系统生成的三维信息,来提升用户针对真实世界的感知程度。它把虚拟信息在现实世界中进行运用,并将计算机生成的虚拟物体、场景或系统这些方面的提示信息在实际场景中进行一个叠加,以增强用户对现实的体验。在可视化的增强现实中,当用户使用头盔显示器,就能够把真实世界与计算机图形相融合,从而实现对周围真实世界的增强观察。

2. 发展历程

AR 在历史上的重大突破大概可分为以下五个阶段:

第一阶段,可追溯至 20 世纪五六十年代,由"VR 之父"所开创的"Sensorama Stimulator",作为 AR 技术的先驱雏形,通过集成图像、音频等多媒体元素,模拟了用户在纽约布鲁克林街道上驾驶摩托车的沉浸式体验。尽管其体积庞大且操作不便,但其开创性地将虚拟元素与现实环境初步融合,展现了 AR 技术的无限潜力。

第二阶段,1968 年见证了 AR 技术的实质性飞跃,哈佛大学的沙日尔兰德副教授及其团队研发出首款头戴式 AR 设备——“终极显示器”。该设备利用双目镜技术，使用户能够观察并交互于一个简易的三维空间模型之中，通过头部运动控制视角变化。尽管其系统主体庞大需外部悬挂，被戏称为“达摩克利斯之剑”，但它标志着 AR 技术向可穿戴设备方向迈出了重要一步。

第三阶段，直至 1990 年，波音公司的汤姆·考德尔研究员正式提出“增强现实(AR)”这一术语，并伴随其发明的辅助飞机布线的头戴式系统，实现了 AR 技术在工业领域的首次应用。该系统通过投影技术将布线指南叠加于实际工作环境，显著提升了工作效率与准确性，标志着 AR 技术从理论探索向实际应用转变的关键节点。

第四阶段，1998 年起，AR 技术开始广泛融入大众传媒与日常生活。电视转播中引入 AR 技术展示橄榄球比赛得分线，以及天气预报中结合计算机生成图像与实景地图，均标志着 AR 技术在娱乐与信息服务领域的初步普及。随后，随着 ARQuake 等户外 AR 游戏的问世及智能手机 AR 应用的兴起，特别是谷歌眼镜与微软 HoloLens 等头戴式 AR 设备的发布，极大地推动了 AR 技术的公众认知度与商业化进程，展现了其作为全新人机交互模式的巨大潜力。

第五阶段，2016 年，任天堂的精灵宝可梦(Pokemon Go)在全球范围内掀起热潮，成为 AR 技术普及的标志性事件。该游戏巧妙地将虚拟宝可梦与现实世界相结合，让玩家在现实环境中捕捉虚拟生物，极大地拓宽了 AR 技术的应用场景与受众群体，进一步加速了 AR 技术向大众市场的渗透。

3. 应用领域

在工业制造与维修领域，头戴显示器作为高级辅助工具，实现了虚拟仪表面板、设备零件图等关键信息的直观展示，极大地提升了工作效率与精准度。医疗领域则借助 AR 技术，通过虚拟坐标构建实现手术部位的精准定位，开启了手术导航的新纪元。军事应用中，AR 结合虚拟坐标与地理信息，为士兵提供实时定位与关键军事情报，增强了战场态势感知能力。

电视转播行业利用 AR 技术，将球员数据等辅助信息无缝融入比赛直播画面，丰富了观众体验，提升了信息传递的广度与深度。娱乐与游戏领域，AR 通过 GPS 与陀螺仪技术，将现实环境转化为游戏舞台，融合虚拟元素，创造了前所未有的沉浸式互动体验。

教育领域内，AR 技术将传统文本与图像读物转化为三维立体模型，显著增强了学习材料的互动性和趣味性，促进了知识的直观理解与深度掌握。古迹复原与数字化文化遗产保护方面，AR 不仅传递古迹的文字描述，还通过虚拟重塑展现遗址残部，为游客提供了更为丰富、生动的文化体验。

旅游与展览业借助 AR 技术，使游客在游览过程中即时获取建筑或展品的相关信息，增强了参观的互动性和教育价值。最后，在市政建设规划中，AR 将规划效果叠加于真实环境之上，实现了规划效果的直观预览与评估，为城市规划与决策提供了强有力的技术支持。

（三）混合现实技术（MR）

1. 含义

混合现实技术（MR）是虚拟现实技术的进阶版本，它借助将虚拟环境的信息展示在现实环境中，构建一个在现实世界、虚拟世界与用户之间的能够彼此进行交互与反馈的通道，从而提升用户的真实感体验。这里的增强现实是指除将内容和文字显示在目标上面外，还可以通过计算机生产的对象与真实世界目标进行互动和交流，包括 Sphero BB8 玩具的智能手机 App，以及全息透镜 HoIoLens、Magic Leap 等。

混合现实的主要设备包括头戴显示器、混合现实眼镜、手持设备、追踪设备以及其他辅助设备。这些设备共同构成了 MR 技术的硬件基础，为用户提供了融合真实与虚拟的交互体验。随着技术的不断发展，MR 设备也将不断演进和创新。

2. 相关技术

首先，虚拟化技术，是指将现实的人和物体虚拟化、数字化，达到让计算机能够将现实的人和物体合成进虚拟空间的技术。比如拍摄电影时，演员身上穿着的捕捉动作用的定向反射材料；通过旋转单镜头摄像头，拍摄一个物体的多角度图像，再通过合成技术生成生物体的 3D 建模等。

其次，感知技术，是指通过感知人体，尤其是手部动作，来传递相应信息给显示设备，让设备响应人们的动作。这些感知动作，可以通过摄像头、红外线、LIDAR、重力加速计以及陀螺仪等设备实现。

最后，底层处理和传输技术，混合现实的显示需要大量的实时演算来响应感知器传递来的用户的大量动作信息，并且生成图像呈现在眼前。高速的网络传输让图像数据快速传输成为可能，SG 网络的到来更是增强了网络高速传输的实力。

3. 主要应用领域

MR 技术目前已广泛应用到视频游戏、汽车设计制造、医疗保健、影视制作等领域。

视频游戏。真正的混合现实游戏，是可以把现实与虚拟互动展现在玩家眼前的。MR 技术（混合现实）能让玩家同时保持与真实世界和虚拟世界的联系，并根据自身的需要及所处情境调整操作。类似超次元 MR＝VR＋AR＝真实世界＋虚拟世界＋数字化信息，简单来说就是 AR 技术与 VR 技术的完美融合以及升华，虚拟和现实互动，不再局限于现实，便能让人们获得前所未有的体验。

汽车设计制造。汽车设计制造是一个流程复杂，周期较长的过程。单就造型设计而言就大致包含：草图、胶带图、CAS、设计评审、油泥模型、材料的选择等过程。MR 技术能让设计师在量产车型的基础上看到真实比例的 3D 设计，帮助工程师和用户了解车辆的复杂信息，或者在真实的汽车物体上添加新的概念和创意，对车型进行快速迭代和更新，将造车流程加速。

医疗创变和教育变革。如今，不少教育和医疗机构正利用以 MR、AI 技术为代表的新科技，扬帆起航，整合国内外一线 IT 技术团队、知名教育医疗品牌网络和学校医院的管理团队，以他们的专业视角、敏锐的分析，把握当今最新医疗和教育的科技脉搏，为传统的“医疗影像呈现技术”和“交互式教育环境营造”提供科技助力。

影视制播。提到广电制播，大家一定会联想到各类科幻电影中，为了让影片具备想象力，常常会加入虚拟人物（生物）与人类演员之间的互动特效。过去这类片段，大部分的虚拟人物都是在前期拍摄完后，再利用 CG 后期渲染叠加形成特效。现在通过 MR 技术，用户能够快速准确地扫描真实场景，并将事先制作的动画和模型精准定位，通过与全息影像互动来延展创作思路，展示 3D 三维效果，尤其是在普通的微电影创作和电视综艺直播中。比如，电影发行方创奇影业使用微软 HoloLens，通过 Actiongram 应用将兽人带到现场，并且与魔兽演员罗伯特，卡辛斯碰拳互动。

（四）AR/VR 的主要区别

虚拟现实（Virtual Reality），是指在虚拟世界营造部分现实感觉，让人身临其境，最终达到现实世界。增强现实（Augmented Reality），是指在现实世界中添加部分虚拟元素，以此来让现实中的体验更加精彩，最后形成虚拟世界。

1.侧重点不同

VR主要是通过完全隔离用户的感官和真实的世界，让他们在一个全部都是由计算机进行控制的信息空间中沉浸体验。而增强现实（AR）则重视用户在真实世界的存在，并试图保持其感官体验的一致性。AR系统通过将由计算机生成的虚拟与真实这两者环境的混合，进一步将用户对真实环境的认知进行提升。

2.技术不同

VR的重点在于构建一个虚拟环境以供用户互动体验。AR侧重复原人类的视觉的功能，如自动识别跟踪物体并且对周围真实场景进行3D建模。

3.设备不同

VR通常需要借助能够将用户视觉与现实环境隔离的显示设备，一般采用浸没式头盔显示器。AR需要借助能够将虚拟环境与真实环境融合的显示设备。

4.交互区别

VR因其全虚拟的特性，所使用的装备主要是在用户与虚拟环境的互动上进行运用，如位置追踪器、数据手套等。而AR作为虚拟场景与现实场景的混合，基本上都应该由摄像头来捕捉真实的画面，然后在这个基础上融入虚拟元素进行表现与交互，如Google Glass。

5.应用区别

虚拟现实技术的核心在于它能让用户在虚拟环境中全身心地体验，激发他们的视觉、听觉、触觉等感官，让他们感觉到这个虚拟环境就如同真实世界一般。然而，这个构造出来的环境其实并不存在。这个技术因此可以模拟非常多的成本高昂或者具有风险的真实环境，使其在虚拟教育、数据和模型的可视化等领域中都有着广泛的应用。与虚拟现实不同，增强现实并不是用虚拟世界取代真实世界，而是通过提供额外的信息来增加用户针对真实世界的感受。所以，增强现实的应用更倾向于辅助教学和培训等领域。

（五）技术原理

1.虚拟现实技术

虚拟现实是众多技术的集成，这其中包含了实时的三维计算机图形技术，宽视角的立体显示技术，跟踪观察者的头部、眼睛和手的技术，与触觉或力觉反馈、立体声音效等技术。

(1)实时三维计算机图形

总的来说，借助计算机模型来生成图形图像并非过于困难，但关键的难题在于实时性。以飞行模拟系统为例，图像的即时刷新至关重要，并且这对于图像质量也有着高标准的要求，以及复杂的虚拟环境等因素，使得问题会格外复杂。

(2)显示技术

在虚拟环境中，每个物体相对于系统坐标系都有确定的位置和姿态，用户亦然。用户能够见到的一些景象是由他们自己的位置以及头部(或眼睛)所在的位置来决定的。在对头部进行跟踪的运动的虚拟现实头盔中，视野的变化传统上是通过鼠标或键盘实现的。在这种情况下，用户的视觉系统和动作感知系统是分开的。然而，利用头部跟踪来改变图像的视角，可以将用户的视觉的系统与动作感知的系统进行链接，从而实现更真实的体验。另一项优势是，用户不只是可以借助立体视觉来理解环境，也能够借助移动头部来对环境进行观察。

(3)声音技术

人类有很强的能力来判断声源的方向。在水平方向上，人们可以通过声音的一个相位差以及强度方面产生的差异来确定声音的来源，这是因为声音到达两耳所用的时间与路程的长短存在着差异。一般的立体声效果就是通过左右耳去接收不同位置录制的声音产生的，因此我们会有方向感。在现实里面，当我们的头部转动时，我们听到的声音的方向也会随之改变。然而，目前在虚拟现实(VR)系统中，声音的方向并不随用户头部的移动而变化。

(4)感觉反馈技术

在虚拟现实(VR)系统中，用户有概率看到虚拟的杯子。尽管他们可以试图抓取它，但他们的手并不能切身感受接触杯子的触觉，甚至可能会穿越虚拟杯子，以上情况在现实生活中是不存在的。一种常见的解决方案是在手套内部安装能够振动的触点，从而对触觉的感受进行模拟。

(5)语音技术

在虚拟现实(VR)系统中，语音输入和输出的作用尤为关键。这就要求虚拟环境能理解人类的语言，并能实时跟着人进行交互。但是，让计算机能够识别人类的语音是一项极具挑战性的任务，语音信号和自然语言信号不仅多种多样而且还十分的复杂。目前，使用人类的自然语言作为计算机的输入存在两大不足。一是效率问题，为了让计算机更好地理解，输入的语音可能会变得过于冗长。二是正确性问题，计算机理解语音的方式主要是通过比对和匹配，但它并没有像人类那样的智能。

2. 增强现实技术

虽然人们普遍认为，增强现实技术的诞生源自虚拟现实技术的发展，但两者之间存在着显著的区别。传统的 VR 技术为用户创造了一个完全沉浸式的虚拟世界体验，仿佛置身于一个全新创造的世界中；而 AR 技术则将计算机技术融入用户的真实世界中，通过增强现实软件的终端，利用听觉、视觉、触觉、嗅觉等感官接收虚拟信息，从而提升对于真实世界的感受。这实现了从“人类适应机器”到“以人为中心”的技术转变。

二、人工智能技术

人工智能技术的发展提高了设计效率与精准度，促进了交互设计个性化与智能化程度，多模态生成式人工智能则拓展了交互模式与维度，并更加关注用户体验与情感关怀。

(一)含义

人工智能(Artificial Intelligence，AI)是一门专注于研究和开发理论、方法和技术，以模拟、增强以及扩展人类智能的新兴科技领域。它的目标是理解智能的本质，并创建能以类似人类的方式进行响应的智能机器。其研究目标包括使智能机器具备听的能力(如语音识别)、看的能力(如图像识别)、说的能力(如语音合成)、思考的能力(如人机对弈)、学习的能力(如机器学习)以及行动的能力(如自动驾驶汽车等)，做出处理动作，同时还能够根据不断积累的经验进行调整。简单地说，能够做到感知外部事物、具有推断的能力、自动行动、调整优化这四步骤就算是人工智能。

人工智能按照智能程度可主要分为以下三种类型：

1. 弱人工智能

包含基础的、特定场景下角色型的任务，如 Siri 等聊天机器人和 AlphaGo 等下棋机器人。

2. 通用人工智能

这种形式的人工智能具有达到或接近人类水平的任务处理能力，并涉及机器的连续学习过程。

3. 强人工智能

多指能力超越人类的机器。

(二)发展历程

1956 年的夏天，科学家在美国达特茅斯学院聚集一堂，探讨“如何让机器模拟人类的智能”。在这次会议中，他们首次引入了“人工智能”这个概念，这标志着人工智能学科的诞生。人工智能的发展过程可以大概分为以下六个阶段：

一是起步发展期(1956 年—20 世纪 60 年代初)。人工智能这一定义出现后，引发了一系列令人瞩目的研究进展。这些突破性的成果，包括机器定理证明和跳棋程序等，标志着人工智能发展的第一次繁荣期。

二是反思发展期(20 世纪 60—70 年代初)。人工智能在其初期的发展阶段取得了一些突破性的成就，这极大地提升了人们对人工智能的预期。人们于是开始着手承担更加富有挑战性的东西，并设定了一些过于理想化的研发目标。但是，一系列的失败，以及未能达成预期目标(如机器翻译出现的错误等)，导致人工智能发展进入低谷期。

三是应用发展期(20 世纪 70 年代初—80 年代中期)。20 世纪 70 年代，专家系统出现了，这些系统可以模拟人类专家的知识和经验，帮助解决在特定领域内的问题。这也意味着人工智能从理论研究阶段迈向了实际应用阶段，同时也将重心从一般的推理策略探讨转向了对专门领域知识的应用。在医学、化学、地质等行业专家系统得到了广泛的应用，并推动着人工智能进入了一个新的高峰期。

四是低迷发展期(1985—1995 年左右)：当人工智能应用的范围越来越广，我们发现人工智能应用于专家系统时存在一些问题。比如说，它们适用的领域比较有限，基础知识相对缺少，获取知识比较困难，并且推理方式比较单一。此外，它们也不太擅长分布式功能和与现有数据库兼容。

五是稳步发展期(1995—2010 年)：网络技术，尤其是互联网技术的不断进步，推动了人工智能领域的创新与研究，使得人工智能技术更加实用化。IBM 的深蓝超级计算机在 1997 年成功击败了国际象棋世界冠军卡斯帕罗夫，而在

2008 年，IBM 推出了“智慧地球”的理念。

六是蓬勃发展期(2011 年至今)：随着信息技术的发展，包括大数据、云计算等，泛在感知数据与图形处理器等计算平台促进以深度神经网络作为核心代表的人工智能技术蓬勃进步，然后迅速缩小了科学同应用这两者中的“技术鸿沟”。例如，图像分类、语音识别等人工智能技术，从“不能用、不好用”发展到了“可以用”，取得了实质性的技术突破，出现了爆发式增长。当今，人工智能相关技术处于狂热期，是推动透明化身临其境体验技术发展的主要动力。人本技术，如智能工作空间等，是推动其他两个趋势的领先技术，这两个趋势涉及透明度和身临其境的体验。数字化平台正在经历快速增长的阶段，未来 5 至 10 年，量子计算和区块链等技术将会发生革命性的变化。

(三)发展特点

经历了 60 多年的发展之后，人工智能已经开始走出实验室，进入了产业化阶段。其具体表现出以下几个方面的特点：

1. 深度学习技术逐渐在各领域开始应用

深度学习能够通过数据挖掘进行海量数据处理，主动学习数据的特征。特别是在大数据集中的情况下，即使存在没有经过标记的数据，深度学习仍然可以发挥其作用。通过使用分层网络结构，来对逐层的一个特征进行转换，可以把样本的特征表示向另外一种新的特征空间进行转换，从而更容易地实现分类或完成预测任务。例如：DeepMind 的软件控制着数据中心的风扇、制冷系统和窗户等 120 个变量，使谷歌的用电效率提升了 15%，几年内共为谷歌节约电费数亿美元。

2. 新型算法不断探索

在深度学习应用逐步深入的同时，学术界也在继续探索新的算法。一方面，继续深度学习算法的深化和改善研究，如深度强化学习、对抗式生成网络、图网络、迁移学习等。另一方面，一些传统的机器学习算法重新受到重视，如贝叶斯网络、知识图谱等。另外，还有一些新的类脑智能算法出现，将脑科学与思维科学的一些新的成果结合到神经网络算法之中，形成不同于深度学习的神经网络技术路线，如胶囊网络等。

3. 基础数据集建设已经成为基本共识

自从李飞飞等在 2009 年成功创建网络图像 Image-Net 数据集，该数据集就已经成了业界图形图像深度学习算法的基础数据集，通过举办比赛等方式极大地促进了算法的进步，使得算法分类精度已经达到了95%以上。这也使得一些大型研究机构和企业逐渐认识到了数据的价值，纷纷开始建立自己的数据集，以便进行数据挖掘和提升深度学习模型的准确率。例如，美国国家标准研究院的Mugshot，谷歌的SVHN等图像基础数据集，斯坦福大学的souAD、卡耐基梅隆大学的Q/A Dataset(数据集)等自然语言数据集以及2000 HUB5 English、TED-LIUM等语音数据集。

4.基于网络的群体智能已经萌发

2016年1月1日，《科学》(Science)杂志发表了一篇名为《人类群体的力量》(*The Power of Crowds*, Vol. 351, issues6268)的论文，将群体智慧计算分为三种类型：用于完成任务分配的众包模式(Crowd sourcing)、用于支持较复杂的工作流程的群体模式(Complex work flows)以及用于协同解决最复杂问题的生态系统模式(Problem solving ecosystem)。

5.新型计算基础设施陆续成为产业界发展目标

由于深度学习对算力有较高的需求，因此相继出现了一些专门的计算框架和平台，如微软的CNTK、百度的PaddlePaddle等。产业界同时也从硬件方面探索计算能力的提升方法，最为直接的方法就是采用计算能力更强的GPU替代原有的CPU等。此外，谷歌、IBM等一些大型企业也在探索进行符合自身计算环境的芯片研发，因此产生了TPU等性能更加卓越的新型芯片。另外，混合智能技术的趋势促使生物智能系统和机器智能系统之间实现了更加紧密的联系，如脑控或肌控外骨骼机器人等穿戴设备。

6.人工智能将加速与其他学科领域交叉渗透

人工智能是一门综合性前沿学科，与计算机科学、数学、神经科学和社会科学等学科紧密相连，需要进行深入的交叉和结合来推动其发展。随着超分辨率光学成像等技术的进步，脑与认知科学的研究进入了一个全新的时代。这意味着我们现在拥有了更加精细和全面的能力来理解智力神经环路基础和机制。这种生物启发的智能阶段将进一步推动、改进人工智能的发展，并通过依赖生物学等多个领域的研究，将人类的认知机制变为可计算的模型。同时，这种新技术也将促进传统科学的进一步发展。

7.人工智能社会学将提上议程

为了保证人工智能健康并且可持续发展，促进其发展成果造福于人民，研究人员应该进行全面系统的社会学研究，探究其对人类社会的作用，并由相关部门建立健全的法律法规体系，以避免潜在的风险。2017 年 9 月，联合国犯罪和司法研究所（United Nations Interregional Crime and Justice Research Institute，UNICRI）计划在海牙开设第一个联合国人工智能和机器人中心，以确保人工智能技术的合规发展。特斯拉等大型企业联合组建 OpenAI 机构，目的是推动和促进人工智能的友好发展，从中获得整个人类的利益。

（四）技术原理

人工智能学科研究的主要内容包括：知识表示、自动推理、机器学习、知识获取、自然语言理解、计算机视觉等方面。

1. 知识表示

知识表示是将知识客体中的各种知识要素和它们之间的联系整合在一起，方便人们认知和领悟知识内容。在计算机中，知识表示的过程就是建立信息元素之间的联系。我们可以将这种描述知识的方式看作一种约定，一种数据结构，可以被计算机接受并加以利用。数据结构和处理机制的结合所形成的整体可以视为一个综合。

表示＝数据结构＋处理机制

如在 ES（专家系统）中，知识表示是能够完成对专家的知识进行计算机处理的一系列技术手段。在 ES 中，知识是指经过编码改造，以某种结构化的方式表示的概念、事件和过程。

2. 自动推理

自动推理早期的工作主要集中在机器定理证明。机器定理证明的中心问题是寻找判定公式是不是有效的（或是不一致的）通用程序。自动推理的方法有以下两种：

（1）归结原理

归结原理是一种推理规则。这是一种基于普通形式逻辑中充分条件假言连锁推理符号化的推理法则，它被扩展到一阶谓词逻辑中。从谓词公式转化为子句集的过程中能够看出，在子句集中子句是联合在一起的，但凡其中的一个子句不能够得到满足，那么子句集也同样就不能得到满足，因为子句之间是通过合取关系相连的。若一个子句集中包含空子句，则这个子句集一定是不可满足的。归结原理就是基于这一认识提出来的。

(2)自然演绎法

从一般性的前提出发,通过推导即"演绎",得到具体陈述或个别结论的过程。

3.机器学习

机器学习涉及多个学科的交叉,比如概率论、统计学、逼近论、凸分析和算法复杂度理论等。它是人工智能的核心,是使计算机具有智能的根本途径。

学习系统由三个基本部分组成:环境提供信息给学习模块,学习模块利用这些信息来更新知识库,执行模块则根据知识库来执行任务,并将所获得的结果反馈给学习模块。

在实际应用中,工作内容的具体形式受环境、知识库和执行部分的影响,因此学习部分需要解决的问题完全取决于这三个部分。

任何一种学习都离不开学习者和环境,它们是构成学习系统的两个要素。学生在接受环境(如书本或教师)提供的信息后,对其进行转化和整合,并将其转化为自己能够理解和记忆的形式,以便从中获得有用的信息。根据学生在实现信息转换时所需推理的难易程度和次数的不同,学习策略可分为以下六种基本类型(按照从简单到复杂、从少到多的顺序排列):

(1)机械学习

学习者能够直接从环境中获取信息,无须进行推理或知识转换。这类学习系统主要考虑的是如何索引存贮的知识并加以利用。

(2)示教学习

学生通过接触环境中的教师或教材等信息源,将获取到的知识转化为适合自己内部使用的形式,然后将新的知识与已有知识融会贯通,形成一体化的认知结构。

(3)演绎学习

这个推理方式采用了演绎推理的形式。推理是通过逻辑推断,从一组基本前提(公理)出发,利用逻辑变换的方式得出结论。这种推理方法涉及保持真实性的变换和特别处理,它还包括宏操作学习、知识编辑和组块技术。归纳推理是一种逻辑推理方法,其逆过程是演绎推理。

(4)类比学习

通过类比,在源领域和目标领域中寻找相似的特征和性质,可以推导出目标领域的知识,从而实现学习。相比于前面提到的三种学习方式,类比学习需要更加深入的推理过程。通常,它需要先搜索已知领域(源域)中可用的知识,随后进行转换以适应新的环境(目标域)。

(5)基于解释的学习

教师会提供目标概念和一个例子,学生需要基于领域理论和可操作准则,构建一个解释来阐明例子为什么符合目标概念,接着,将解释转化为一个可操作性准则,成为目标概念的一个充分条件。

(6)归纳学习

归纳学习是一种教学方法,它可以通过给学生提供一些具体实例或反例,让学生通过逐步概括和推理,得出该概念的一般性描述,即归纳学习。这是一种非常基础、相对成熟的学习方法,已在人工智能领域深受关注和应用。

4. 知识获取

知识获取是指从专家或其他专门知识来源汲取知识并向知识型系统转移的过程或技术。知识获取和知识型系统建立是交叉进行的。计算机可通过以下几种基本途径直接获取知识:一是借助于知识工程师从专家处获取。二是借助于智能编辑程序从专家处获取,MYCIN 系统的知识获取程序 TEIRESIAS 就采用了这种方式。三是借助于归纳程序从大量数据中归纳出所需知识。四是借助于文本理解程序从教科书或科技资料中提炼出所需知识。

5. 自然语言理解

自然语言处理研究能实现人与计算机之间用自然语言进行有效通信的各种理论和方法。自然语言理解分为语音理解和书面理解两个方面。语音理解用口语语音输入,使计算机“听懂”语音信号,用文字或语音合成输出应答。书面理解用文字输入,使计算机“看懂”文字符号,也用文字输出应答。

最常见的两种自然语言理解应用分别是搜索引擎和机器翻译。搜索引擎能够了解人类自然语言的表达,并从中提取关键信息,以便搜索引擎和自然语言用户之间建立更高效和更深入的信息传递。这样就可以实现它们之间的良好衔接。

实际上,搜索引擎和机器翻译密不可分,随着互联网和移动互联网不断丰富语料库,它们的发展方式已经发生重大变化。互联网和移动互联网不仅将线下信息转变为在线形式,还带来了新型 UGC 模式:知识分享数据。这些数据,如维基百科和百度百科都是经过人工校验的词条。社交媒体数据，如微博和微信，呈现了用户的个性化特征、主观意见和时效性。果壳、知乎等社区和论坛为搜索引擎给予了丰富的问答资料和知识库资源。

另外，深度学习的层次结构采用自发学习的黑盒子模式，这使得其在大规模数据中的应用具有不可解释性。但是，人与人之间的沟通必须建立在相互理解的基础上，因此深度学习在搜索引擎和机器翻译方面的效用远不如在语音图像识别领域中的显著成果。

6.计算机视觉

计算机视觉是一种技术，利用摄像机和计算机处理数字图像，以实现目标的自动检测、追踪和计量等任务，并通过图形处理将其转换为更易于人类观察或用仪器检测的图像形式。计算机视觉的最终追求是让计算机像人一样具备视觉感知和理解世界的能力，从而能够自主地适应不同的环境。

计算机视觉识别流程大致可分为训练模型和图像识别。其中，训练模型多指通过对样本数据进行特征选择和提取，分类器(模型)可通过使用正负样本进行训练，以检测目标并识别正面和负面内容。另外，由于样本数据达到了上万数量，提取的特征也增加诸多。为了减少训练时间，通常会引入先前的知识来指导计算机的学习，或限制搜索范围。而图像识别则包括预处理和目标检测，其中预处理会对图像进行信号变换和去除噪声等，而目标检测则会利用分类器对输入图像进行分析。通常的检测流程是在待检测图像上使用移动扫描子窗口，并且在每个位置处进行特征计算。然后利用已经训练的分类器将以上特征进行筛选，并以此来对该区域是否为目标进行判定。

人工智能技术基于其强大的性能优势，其长足发展将会对交互设计产生深远的影响，例如更具个性化和情感关怀的用户体验、更加流畅与多模态的人机交互过程、更具效率的交互设计过程、更具包容性与易用性的产品内容等，具体将在本章下一节进行具体阐述。

第四节　数智技术对交互设计的影响

智能时代下科学技术的迅猛发展，加速了智能技术与实践领域的嵌套融合。交互设计具有极强的实践性与时代性，借助数字智能技术可进一步催生智能交互设计的创新理念，以更新颖的设计内容与形式丰富交互设计的情感内涵。交互设计的核心在于凸显设计师、设计方案以及用户之间的互动关系，强调基于实用价值的人文关怀，因此应充分发挥人工智能的技术价值，推动交互设计的新发展。为此，本节将分析数字智能时代交互设计的特点、创作原则、实践应用和发展趋势，探索智能时代交互设计的理念、方法和路径，这不仅具有重要的现实意义，也有利于为推动智能时代下交互设计发展奠定研究基础。

一、数智时代交互设计伦理原则

(一)以延续基本交互设计原理为原则

针对工业产品：首先，要确保其安全性，预计可能发生的安全问题，避免因设计造成安全隐患；其次，要符合人机工程学，确保工作效率。针对生活产品：首先，要达到可用性，便于记忆、理解和使用；其次，要保障良好的用户体验，即生理上，尽量保证身体和感官的舒适度；最后，心理上要提升感知美学体验，提供情感正反馈，具有一定自我价值的体现，提高使用满意度。

(二)以给予老年群体更多关怀为原则

给出更具有针对性的交互策略，删减无用交互步骤、适当隐藏一些非核心功能，避免增加他们的使用负担；尽量保证交互时的语义传达与交互方式符合他们的认知习惯；以他们的身心特征为基础，恰当地利用各感官通道之间的补偿机制，以达到最适合的交互效果，给予他们更多的关怀。

(三)以防止用户沉迷上瘾为原则

设计者应从产生有益价值，而不是制造上瘾的出发点去设计产品。将这些容易致瘾的交互方式多用在学习类产品的交互设计中，使用户从沉迷娱乐转向爱上学习。具体讲，可以为不断地下拉刷新和没有尽头自动循环的推荐视频设置一个“暂停页”，给用户一个察觉自己深陷其中应及时抽身的机会，适当控制用户的使用时间。减少不重要信息的推送，弱化不重要信息的推送提醒，减少对用户注意力的吸引频率。由于通过色彩进行视觉刺激是屏幕上吸引注意力的简单方式，如红色的未读消息提醒，因此在一些不重要的交互色彩中可以用冷色或是适当将色彩抽离用灰度降低对用户的强制吸引。

(四)以增加设计中的情感交流为原则

通过交互式体验，依托产品功能和使用方式，对使用者的情绪进行接纳吸收，引导、鼓励使用者的情感宣泄和释放。通过参与式设计，给用户自己 DIY 的机会或适当增加用户可以自定义的功能，以满足用户群的个性化需求，增加用户与产品间的专属情感。由于共享设计所服务的群体具有多样化的特点，可以使拥有不同年龄、生活经历的人有机会接触彼此，用设计将人们连接起来，人人参与，促进人与人之间的交流。同时，这也能强化自身的社会认同感。

（五）以提高设计责任为原则

在协同发展的时代，人与智能机器和谐的前提是要不断对其进行道德约束，从机器的内在机制考虑如何让其学会人的评判标准，产生合理结果。尽量对道德标准量化评估，提前考虑一切可能出现的风险，并公开责任伦理指标。另外，要提升设计师的社会责任感，因为就目前而言，解决人工智能产品的设计伦理问题，只能建立在产品设计者的伦理自觉上。这就需要设计者在设计时普遍提高对设计责任的认知，着眼于长远利益，平衡人、环境、社会的三者关系，发扬人性中的真善美。

二、数智时代对交互设计的影响

（一）基于设计视角的数智时代对交互设计的影响分析

从设计视角看，数字智能技术的发展对交互设计产生了深远影响，这些影响体现在多个层面。

1. 人工智能对交互流程与交互模型的优化

人工智能可以分析设计过程及各设计阶段的任务，寻求符合科学规律与大众常识的设计程序与效率最优解。交互设计的全流程分为明确设计任务、方案设计、技术设计和施工设计四个阶段，明确各阶段的主要工作任务和目标，在此基础上建立产品开发的进程模式，探讨产品全寿命周期的优化设计，进行一体化开发策略，是人工智能所擅长的部分。

2. 人工智能对交互行为逻辑与认知心智模型的辅助决策

人工智能可以探索形成研究解决设计问题的逻辑步骤，根据心智模型和模式判断，提出应遵循的工作原则。人工智能可以以系统工程分析、综合、评价、决策的解题步骤，贯彻于交互设计的各阶段，使问题逐步深入扩展，多方案求最优解，在大数据中找到更有效率、更有成效的问题及解决方案的匹配关系。

3. 人工智能对创新设计思维的重塑

人工智能强调交互过程中，产品设计里设计人员创新能力的重要性，人工智能能够快速并很好地判断创新方案是否有近似的想法，知识产权的保护式创新的问题，应用深度学习 DL 等分析创新思维规律，研究并促进各种创新技法在设计中的运用。在大数据时代，PB 级规模、实时在线、多源异构、混杂敏捷以及需要并行处理，是大数据的特征，人工智能可以有效地处理大数据流、信息流、知识流、物资流和资金流这些交互元素，并利用这些数据，从系统、信息、控制和协同、耗散、突变等方面形成颠覆式的创新思维。

4. 人工智能对交互情境预演的案例大数据参考

人工智能擅长通过对比研究，分析各种现代的设计理论和方法，并且能够还原每种设计方法所适用的最佳情境与语境。人工智能主要采用系统工程、创造工程、价值工程、优化工程、相似工程、人机工程、工业美学等在设计中的应用，实现产品的科学合理设计，提高产品的综合竞争能力。

5. 人工智能对关注用户体验的生态全系统设计

多维支撑人工智能可以深入剖析人类的思维模式，组合探索更有成效的创新设计思维及设计方法，对以目标为导向，以任务达成为目标的交互设计而言，非常实用见效。同时人工智能还将情感计算、人格计算、社会计算、文化计算等科技人文的方法，引入到对用户人群的认知行为疗法 CBT（情感、行为、思想）研究中，研究人类的体验模式与体验愿景、生活形态、消费心理与满意度反馈，进行精准的开发型设计、扩展型设计和反求设计等，或者对症下药寻找规律，通过设计解决针对性的问题，或者无中生有创造新的消费文化，或者治未病发现规律，激发人类想象力，突破认知极限和囚徒困境，思考探索人类发展的大问题，进行生态可持续的创新设计。

6. 人工智能催生交互式叙事的群体智慧

人工智能可以利用大数据与互联网，形成对实时数据流的智能分析，建立具有知识图谱的设计信息库。用系统工程方法编制设计目录，同时开源部分开放数据，构成数据库内容的活态生产与实时消费分析，精准计算供给侧需求，把设计过程中所需的大量信息规律地加以分类、排列、储存，便于设计者查找和调用，同时采用量子思维和量子计算，构建灵活不确定并多样化的敏捷交互设计需求，满足微观层面用户个体的 MC 大规模客户定制，同时又能够借助互联网形成万物互联的群体智慧。

7. 人工智能对造物方法与制造生产方式的影响

人工智能能够快速捕捉制造与设计的模式方法，针对有模式的造物方法，能够进行机器学习，把握规律，并能够将非智能信息转化为智能信息，进行自适应自适配自组装的人工智能辅助设计的形式，自动化设计并制作常规性的有规律性的案例，批量规模知识产品和智慧产品，解放交互设计师的能力，并且能够将UGC用户自产生内容提升为PGC专业生产内容以及OGC组织生态系统生产内容，形成生产者、生产关系、生产工具的新的大交互关系，并且在新的关系中建立新的社会契约关系，形成新的价值规律，不仅包含实体经济产品，还包含虚体经济产品，如知识经济产品以及服务系统的价值交换规律。

8.人工智能对新型人机共生关系的促进作用

人工智能连接工程师、设计师和用户的心智模型，在各种关系中灵活调整匹配相互的作用力与影响力，合理分配权利与付出义务，达成非零和博弈的动态平衡，在目标、动机、条件与结果之间达成最优解决方案。既满足对用户身份的快速识别定位，也能够根据交互的方式与内容，灵活确定交互行为模式，还能够在交互的人事物条目之下，匹配映射各种人机交互、人事交互、人际交互、人境交互的交互场景、头脑风暴反映出的交互愿景与交互情感，孕育激发创新意识、社会责任共识和协同共创思维，并寻找到主体与客体之间达成目标的最优路径。根据用户的体验反馈，分析优化和测试改进交互流程与交互体验结果，形成新的人机共生关系。

（二）基于对比视角的智能时代对交互设计的影响分析

从对比角度看，数字智能技术飞速发展对交互设计产生的影响是很大的，从技术飞速发展“前”和“后”对交互设计影响的角度进行对比分析：

1.设计工具和方法

之前：设计师主要依赖传统的设计工具，如纸笔、Photoshop、Illustrator等进行界面设计。之后：设计师现在可以使用更先进的工具，包括基于AI的设计助手、自动化布局工具、动态原型制作软件等。

2.用户研究和数据分析

之前：用户研究通常包括问卷调查、访谈和可用性测试，数据分析依赖于手动或简单的统计方法。之后：大数据分析、机器学习和情感分析等技术使得用户研究更加深入和精准。

3.交互模式

之前：交互设计主要关注图形用户界面（GUI）和物理交互。之后：交互模式扩展到了语音交互、手势控制、面部表情识别等多模态交互方式。

4.个性化体验

之前:个性化设计通常基于用户输入的偏好设置。之后:利用用户行为数据和机器学习算法,可以提供更智能、更动态的个性化体验。

5.设计流程

之前:设计流程往往是线性的,从需求分析到原型设计再到用户测试。之后:设计流程变得更加敏捷,更加可以利用实时数据反馈进行快速迭代。

6.设计思维

之前:设计思维侧重于用户中心和创造性解决问题。之后:设计思维结合了数据驱动的决策和技术创新,更加注重数据和算法的应用。

7.可访问性设计

之前:可访问性设计关注于为残障用户设计特定的辅助功能。之后:智能技术使得可访问性设计更加无缝和智能,如自动语音描述图像内容。

8.设计输出

之前:设计输出主要是静态的界面设计图或低保真的原型。之后:设计输出包括高保真原型、动态效果、甚至可以直接集成到产品中的智能组件。

9.跨学科合作

之前:交互设计通常涉及设计师、开发人员和产品经理的合作。之后:数字智能技术的发展使得设计师需要与数据科学家、AI专家和机器学习工程师等更多领域的专家合作。

10.设计自动化

之前:设计自动化水平较低,大部分设计工作需要手动完成。之后:AI技术可以自动化执行某些设计任务,如生成布局、配色方案或设计元素。

11.设计验证和测试

之前:设计验证和测试依赖于实验室测试和用户反馈。之后:利用AI和机器学习技术,可以在更大规模上模拟用户行为,预测设计问题。

数字智能技术的发展为交互设计带来了新的可能性和挑战,设计师需要不断适应这些变化,利用新技术创造出更好的用户体验。

(三)基于技术视角的数智时代对交互设计的影响分析

从具体的数智技术来看,结合第二章提到的大数据、云计算、物联网、移动技术、虚拟现实和增强现实、人工智能技术的发展特点，对交互设计可以产生的具体影响可做如下简要归纳：

1. 大数据

影响：提供了海量用户行为数据，使设计师能够识别模式、趋势和异常。

设计方法：采用数据挖掘、预测分析和用户细分来指导设计决策。

工具：使用 Hadoop、Spark 等大数据处理工具，以及 Tableau 等数据可视化工具。

2. 云计算

影响：提供了可扩展的计算资源，支持设计资产的云存储和协作。

设计方法：促进了敏捷设计流程和持续集成/持续部署(CI/CD)实践。

工具：利用云服务如 AWS、Google Cloud Platform 进行设计工具的扩展和集成。

3. 物联网

影响：将交互设计扩展到智能家居、智慧城市等环境，强调设备间的互联互通。

设计方法：采用 MQTT、CoAP 等物联网通信协议进行设备交互设计。

工具：使用 IoT 平台如 AWS IoT、Microsoft Azure IoT Suite 进行设备模拟和测试。

4. 移动技术

影响：推动了触摸界面、手势控制等移动优先的交互设计。

设计方法：重视移动用户界面模式和响应式设计。

工具：使用 iOS 和 Android 的 SDK 进行应用开发，以及 Sketch 和 Adobe XD 等进行移动界面设计。

5. 虚拟/增强现实

影响：为交互设计带来了三维空间的沉浸式体验。

设计方法：设计三维交互环境，考虑用户在虚拟空间中的导航和交互。

工具：使用 Unity、Unreal Engine 等游戏引擎开发 VR/AR 应用，以及 Cinema 4D 等进行三维建模。

6. 人工智能

影响：使交互设计能够实现个性化、预测性和自适应的用户体验。

设计方法:集成机器学习模型来分析用户行为,自然语言处理(NLP)技术来实现语音交互。

工具:使用 TensorFlow、PyTorch 在内的机器学 习框架,以及包括 Google Dialogflow、Amazon Lex 在内的 NLP 服务。

设计师需要深入了解这些技术的原理和应用,以便在设计过程中充分利用它们的优势,创造出既创新又实用的交互设计方案。同时,在享受技术飞跃为设计带来的工具性便利时,也需要关注技术发展可能带来的挑战,如设计伦理、用户隐私保护等问题。

三、数智时代交互设计发展趋势(图 2-1)

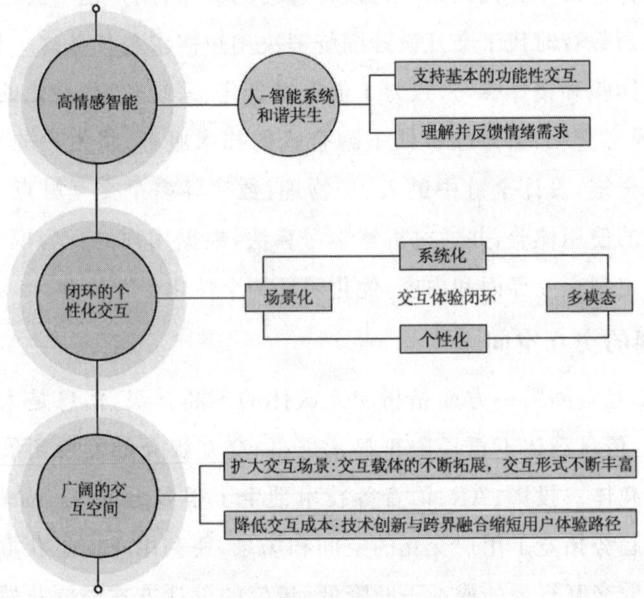

图 2-1　数智时代交互设计发展趋势

(图片来源:作者自绘)

交互设计的发展是一个渐进性创新和颠覆性创新交叉发展的演进过程,数智时代下的交互设计应随着时代发展特点和用户需求变迁,不断丰富自身的设计内涵,创新设计理念和方式,从而为用户创造更加智能与个性化的数字体验。因此,交互设计在数智时代下的主要发展趋势包括以下几个方面:

(一)高情感智能

情感互动是设计与用户沟通的深层需求,同时也是设计追求的重要目标。

同时,随着人工智能技术的发展,未来交互设计将更加关注人与智能系统的和谐共生。因此设计不仅要支持方便快捷的功能性交互,也需要对用户的情感状态与需求进行关注、理解与回应,在设计过程中应借助多种设计元素与技术工具,如情感计算,来创造与用户之间更具深层情感链接的交互功能与互动过程,给予用户以积极的情绪体验。对产品的外观、材质,颜色等进行交互式设计,融入语音、触发等有温度的设备功能,提升用户使用的情感度,与产品进行良好的交互行为。通过语音交互实现与用户的交流对话,提升服务效率,拉近用户与设备之间的距离,避免机械生硬。

(二)闭环的个性化交互体验

传统的设计并未十分强调用户对设计过程的参与,用户也不会过多关注设计如何产生。而数智时代下交互设计围绕解决用户需求与任务这一目标,十分注重用户交互体验和设计参与,致力于创造场景化、系统化、个性化的闭环交互体验,支持多模态交互,通过线上线下融合式的技术服务,将用户的意愿、决策需求融入设计全链,设计全链中的人工、物理、数字等多个交互触点,给用户带来流畅且完整的使用体验,并通过机器学习算法,根据用户的行为模式、偏好甚至情绪状态来定制交互界面和内容,优化闭环的个性化交互体验。

(三)广阔的交互空间

"广阔的交互空间",一方面是指交互载体的不断升级,信息是人与设备交互的连接纽带,信息载体不再局限于显示屏幕,交互媒介的发展拓展了屏幕以外的信息互动载体。投影、AR、语音等技术催生了很多无屏幕产品的出现,全新的信息载体趋势拓宽了用户交互的空间和场景,便利用户信息获取服务。另一方面是指获取交互行为的成本不断降低,传统的设计方式需要花费大量的人力和时间去筛选素材,而智能交互设计方式通过机器进行语言、生物识别,以网络提速、硬件升级等技术创新与跨界融合的手段降低交互行为成本,缩短用户体验路径,加速数据分析和处理,提供优质设计方案。

第三章

交互设计原理与方法

交互设计时常面临尴尬局面，常被误认作 UI 设计，亦或被单纯视为“线框图绘制”“草图绘制”之类的工作。事实上，交互设计绝非仅止于呈现在用户眼前的交互设计稿，尚有诸多工作有待了解，比如其作为用户体验设计的关键环节。交互设计是研究人与产品、系统或服务之间关系的学科，创造简单易用又愉悦的人机互动体验是其主要目标，而在交互设计过程中所需的整体流程、关键步骤、实施细节等幕后工作都是决定交互体验质量的核心要素。为了厘清交互设计的主要流程、原理和方法等系统性概念与知识，本章首先会对交互设计的流程予以归纳，继而解析流程中每个阶段的主要工作任务，通过引入相应的方法，逐步达成交互设计的体验目标。

第一节　交互设计流程

一、以“双钻模型”为核心

由英国设计委员会提出的设计过程双钻模型是一种广泛应用于设计领域的流程方法工具，如图 3-1 所示。它主要由两个钻石构成两个核心阶段，体现了设计过程的迭代性和循环性。交互设计解决问题的常规流程也是以双钻模型为核心，遵循发现问题、定义问题、解决问题、验证和迭代的科学方法，发现问题和定义问题对应需求研究，解决问题对应概念设计和原型设计，验证对应着交互设计原型的测试，而迭代对应着这个过程中某些步骤的重复。虽然这个过程也存在不同的划分方法和解释方法，但是整体的流程分解基本符合这 5 个步骤。为了更好地理解该过程，这里用一些过程模型来解释交互设计不同的阶段和工作，这个过程模型最早产生于计算机科学和软件开发工程中。因此，交互设计的流程与软件开发整体流程相对应，多为共享工作过程的协同合作模式。

时至今日研究交互设计过程仍然会使用到的模型有瀑布模型、迭代模型、敏捷开发模型等,模型的优势在于可以有效组织工作计划和管理整个设计流程,但交互设计本身很灵活,尤其是在不断强调快速开发和上线的今天。除此之外,普利斯(Jennifer Preece)提出的交互设计过程模型和史蒂文·海姆(Steven Heim)提出的交互设计过程也有助于我们深入理解交互设计的过程。

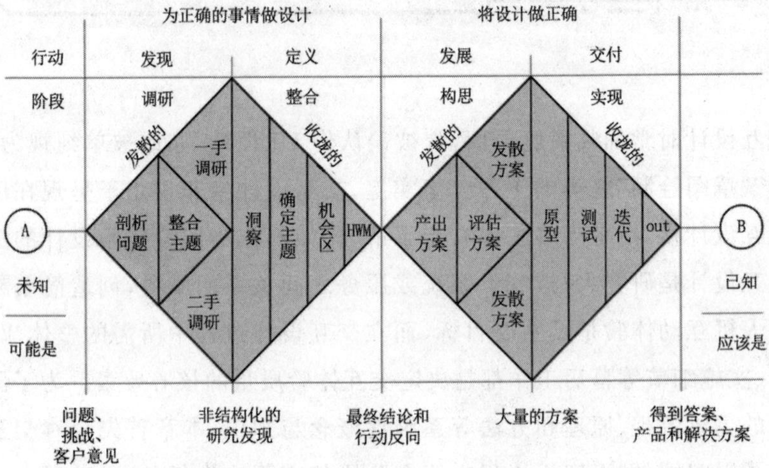

图 3-1　设计过程双钻模型

二、常用的过程模型

(一)瀑布模型

1970 年,温斯顿·罗伊斯(Winston Royce)在软件开发工作中首次使用了瀑布模型,直到 20 世纪 90 年代,瀑布模型都是软件开发工作中使用最广泛,甚至是唯一的工作模型。瀑布模型的核心在于将软件开发的各项工作依次连接并划分为不同的阶段,在使用时只需要针对不同的阶段制订时间规划。标准的瀑布模型在每个阶段的工作完成之后都会产出结果文档,作为下个阶段的工作依据。瀑布模型对工作阶段的划分很明确,对于时间固定、项目内容相对固定、变化较小的软件项目相当友好。软件开发过程的交互设计瀑布模型如图 3-2 所示。

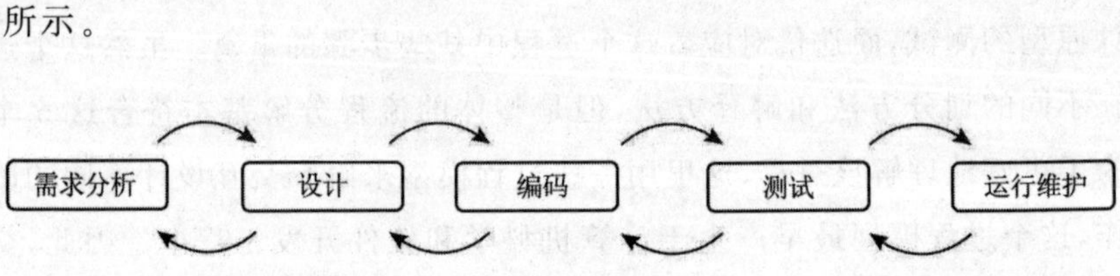

图 3-2　交互设计瀑布模型

瀑布模型具有以下优点：瀑布模型阶段划分清晰，工作任务也清晰。每个阶段目标清晰，有明确的检查点。当前阶段完成后，无须过多的循环，只需关注下一阶段。

但是，瀑布模型也存在不足之处。其主要的不足在于灵活性不足，由此引发的问题如下：一是由于各阶段的划分完全固定，如果某个步骤出现错误，整个过程就很难进行。二是阶段循环会增加文档数量，最后文档数量庞大。三是线性的开发模式导致在整个过程的末期才能见到开发成果，由于整个线性流程没有植入验证环节，从而增加了开发的风险，如果第一步发生错误并没有经过验证，这些错误就会累积并对最终的结果产生影响。

瀑布模型的缺陷在早期的实践中就已经凸显出来，因为整个过程没有用户的参与，在强调用户的今天是不宜照搬的，所以在使用之前应该加以修改。由于瀑布模型的线性流程，设计阶段一旦产生错误就无法挽回损失。针对交互设计改进后的瀑布模型用"概念设计"替代了原来的"设计"，概念设计比设计更粗糙，但是足以表达清楚解决问题的方案且有利于修改和筛选。原有的"编码"阶段是指程序员直接写代码实现功能，但是随着原型软件的成熟，不用写代码也可以实现页面的交互，所以"编码"变成了"原型设计"。当项目需要跨平台开发时，设计的原型能以完整产品的形态呈现于不同移动终端中，避免产生误差与发生错误。由于设计原型的易懂性和可交互性，原型的构建不仅让开发工作事半功倍，也能实现与用户之间的交互。不仅如此，改进后的瀑布模型对整个线性开发过程也有所调整，在每个阶段的节点之间加入了小循环，如果中途产生了任何问题，可以快速找到出现问题的阶段，然后从该阶段重新开始工作。改进后的瀑布模型如图 3-3 所示。

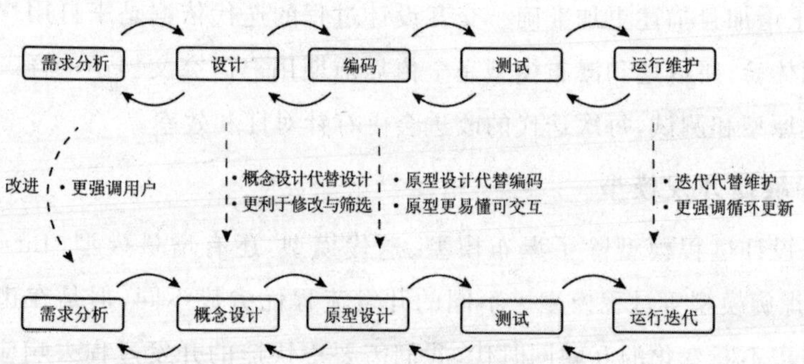

图 3-3　改进后的交互设计瀑布模型

(二)迭代模型

交互设计的迭代是指通过工作流程的不断循环,用新的更好的结果替代原有的结果,从而最终得到满足期望或者更好的解决方案。很明显,迭代具有很强的灵活性,只要产品还处在项目周期内,这个过程就不会停止。好处就在于每次迭代的结果都能满足当下或者不远未来人们的需求。迭代过程既可以发生在产品开发过程中,也可能发生在产品发布之后,发布之前的每次迭代都能满足更多的需求,发布之后的每次迭代都能更好满足需求,但都不是最终产品,每次迭代产品原型都包含了从需求研究到最后原型呈现的完整过程,因此迭代模型可以看作是多个瀑布模型串联起来的设计过程(图 3-4)。

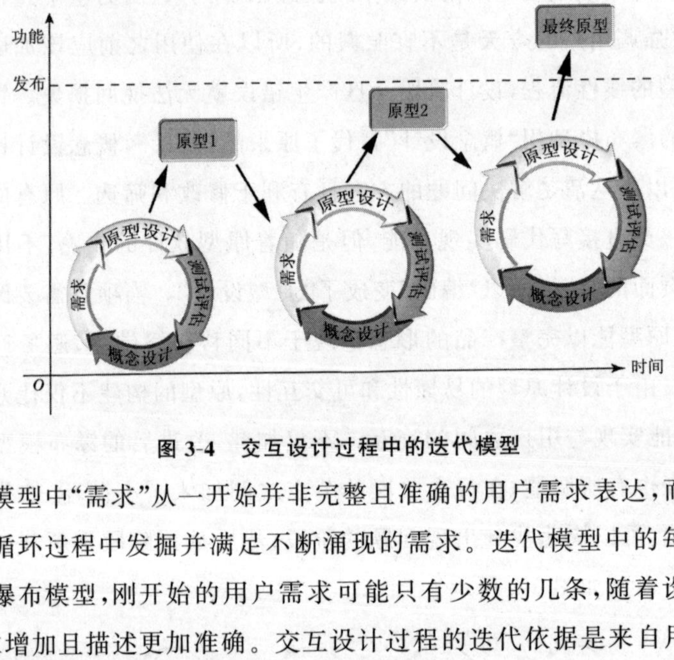

图 3-4　交互设计过程中的迭代模型

迭代模型中"需求"从一开始并非完整且准确的用户需求表达,而是在不断地重复和循环过程中发掘并满足不断涌现的需求。迭代模型中的每次迭代就是小型的瀑布模型,刚开始的用户需求可能只有少数的几条,随着设计的不断推进,需求增加且描述更加准确。交互设计过程的迭代依据是来自用户对原型的小范围体验,所以这和瀑布模型完全依靠前期用户研究文档不一样。每个阶段都构建原型和测试,每次迭代的改进会更有针对性和效率。

(三)敏捷开发模型

交互设计过程模型除了瀑布模型、迭代模型,还有增量模型(Incremental Model)、螺旋模型等过程模型。不同的开发流程优劣势不同,但是在市场需求和用户需求不断变化的互联网时代,我们需要更快捷的开发过程去响应市场和用户的需要。否则在用户得不到满足的情况下会造成糟糕的用户体验,从而在商业上失去优势，因此更加快捷的开发过程能快速得到用户反馈从而响应用户需求。敏捷开发模型强调的是快速给出方案，让用户使用，在得到真正的用户体验反馈后，对当前方案进行修改。图 3-5 就是敏捷开发模型，敏捷开发模型与迭代开发模型不同之处在于前者更加注重产品产出速度；敏捷开发模型的迭代过程是置于产品发布之后，迭代模型中的迭代步骤则是放置在发布产品之前。

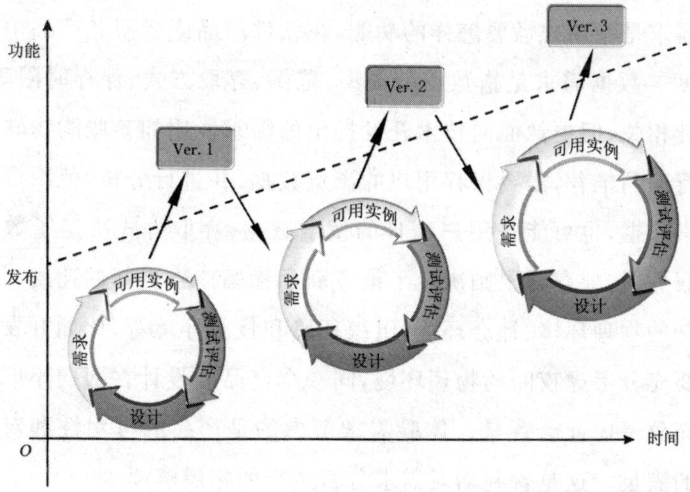

图 3-5 敏捷开发模型

敏捷开发模型开发迅速，能在满足用户的情况下抢占市场先机。同时这样的交互设计过程能让用户快速得到实际使用案例，在不断地测试和迭代过程中提升产品的用户体验，而且可以根据实时的用户反馈进行需求变更。但是敏捷开发模型由于没有明确的用户需求前提，因此中间很可能出现多次迭代过程，增大工作量。很多产品的开发就是遵循敏捷开发的原理，比如微信从内部开发到诞生只用了很短的时间，Ver. 1. 0 的微信只支持好友之间的通信和沟通，后续版本才有了发送语音、朋友圈、公众号等功能，用户在使用产品的过程中产生的使用数据和对产品新的期待都会反馈给用户研究小组。从微信的成功可以看出敏捷开发模型的优势，而随着未来技术、市场、用户需求变化速度加快，敏捷开发模型以人为本的特性更加突出。此外，敏捷开发模型周期较短，可以避免人员调动等其他因素的影响，也更容易调动积极性。

（四）普利斯交互设计模型和史蒂文·海姆的通用模型

普利斯交互设计模型包含四个阶段：识别需求并建立需求，开发和选择多个设计方案，构建设计方案的可交互版本，最后进行设计评估。普利斯认为交互设计过程具有三个关键特征："以用户为中心"确定具体的可用性和用户体验目标"和"迭代"，这就说明了交互设计过程中的人物角色作用、采用的方法和实施的基础，显然，设计师提供原型，用户对原型进行评估，原型是设计师和用户之间进行沟通的纽带。在普利斯交互设计模型中，识别需求并建立需求的过程并非我们狭隘理解的用户需求，还包括功能需求、数据需求、环境需求、体验需求。功能需求是指用户需要怎样的功能，在软件产品或者服务产品中就对应着业务的深度。数据需求是指数据的类型、范围、存取方式、保存时限等，数据需求虽与设计相关，但更像面向技术开发提出的需求。比如某些购物软件依据用户喜好进行商品推荐，需要保存用户的浏览数据，并进行分析，范围可能是历史以来的搜索数据，也可能是用户当日的搜索数据，存取方式决定了数据存放在终端还是服务器，保存时限则决定了推荐商品横幅广告更新的速度。环境需求包含了复杂的物理环境、社会环境、组织环境和技术环境等，比如开发软件的夜间模式就要充分考虑夜间的物理环境，同一个产品的设计在面向不同区域的用户时就要充分考虑社会背景。体验需求考虑的是产品的可用性和对用户物质和精神上的满足。这是普利斯对需求分析进行的拓展解读。

普利斯交互设计模型方案的设计有进行问题解决方案构思的概念设计(Conceptual Design)和解决方案实体化的物理设计(Physical Design)。概念设计需要根据用户的需求对产品进行规划，提出解决问题的概念模型或者模糊方法。概念设计弄清楚用户需要什么，需要给出什么设计满足需求，用什么方法实现设计。同时，采用用户能够理解的手段描述产品的功能，以及如何实现等方面的内容。物理设计则是对概念设计的具体化，需要考虑每个细节，界面整体如何布局、使用哪些主题色、交互按钮的大小等类似的细节。普利斯交互设计模型的最后步骤是建立可交互的原型，然后进行评估，让用户评估使用过程中的体验。

史蒂文·海姆提出的通用模型，将开发方案、筛选方案、构建可交互方案的过程整合为交互设计过程(图 3-6)，主要由发现、设计和评估三个阶段构成。需求的定义和研究部分统称为发现，主要包括收集和解释两个步骤，通过研究分析发现问题所在，具体内容包括分析任务、构建故事板、用例、当事人描述和相关文档等；设计阶段包括方案的概念设计和物理设计(产品原型)；评估阶段则是招募用户对物理设计进行可用性测试。

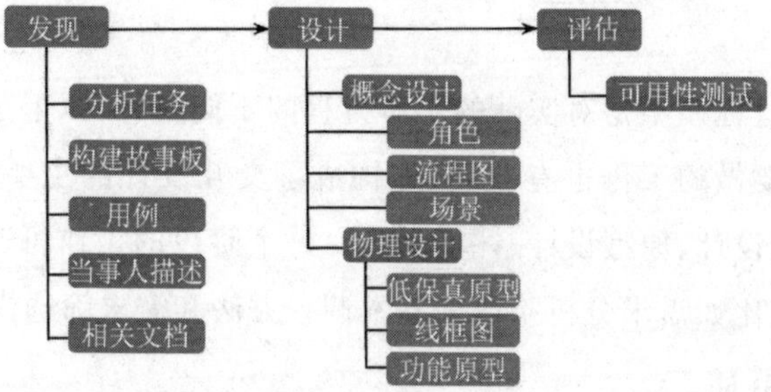

图 3-6　史蒂文·海姆提出的交互设计过程通用模型

问题的发现分为问题现象的收集和解释。在问题现象的收集阶段，研究人员主要对用户进行观察，观察用户在工作环境中完成活动的过程来收集有价值的信息，然后通过讨论、逻辑推理等方法对问题进行思考，思考用户为什么会这样做。在用户的旁边观察和记录行为、动作的方法称为直接观察；相对应地，间接观察则是指通过摄像、录音等技术手段收集一手信息，研究人员可以在不同的时间对这些资料收集、整理和分析。启发式的信息收集方法可以是访谈，也可以是焦点小组、问卷调查等。解释则是将收集的信息进行组织和分析，最终还是要找到需求，方便在设计阶段使用。主要的手段包括任务分析、故事板、用例、文档等工具。其中，文档信息应该包含以下几个方面：

当事人的相关信息：如基本信息、任务的动机和性质、使用频率、用户类型、交互模式、环境等。

认知能力：也就是当事人的知识背景、文化程度和技能类型等。

身体状况：具体的身体健康状况，以及各种感官的状况。

需求文档：包括功能需求、信息需求、硬件需求、输入输出需求、约束条件等。

项目管理文档：是指在系统开发过程中对项目的文档资料进行整理，包括项目概况、项目计划与预算、项目构成与主要功能、项目技能与技术、开发进度等，使用户知道如何使用、维护及管理系统。

紧接着是模型的设计和评估阶段，设计阶段也是概念设计阶段，概念设计的方法则有头脑风暴法、卡片分类法、语义网络法、角色法、情景法等。设计阶段也包括原型设计，原型设计分为水平原型和垂直原型两类，水平原型是描述清楚产品的功能范围，垂直原型就是这些功能的实现过程。评估阶段和其他交互设计模型的工作一致。

第二节　交互设计主要构成

交互设计过程模型是对实际的工作流程的不同解释，以上过程模型所包含的交互设计需要做的工作也有共性、即构成了交互设计的主要组成部分，包括需求分析、概念设计、原型设计、评估测试。每个阶段的工作可遵循一些基本的原理或者理论，比如需求分析阶段的基本调查方法和需求筛选模型。

一、需求分析

需求来源于用户的日常生活，所以需求研究主要围绕用户进行，包括用户完成任务、实现目标过程中所面临的任何困难和不便利的地方。在研究过程中，用户可能会主动发声说出问题，但是用户叙述过程中往往更注重感觉和体验的描述，因此用户描述也存在误差，所以在用户研究过程中，除了收集一手调研数据，还要分析数据背后所透露的用户需求。

广泛的资料收集过程和需求获取是需求分析的基础。在交互设计中，用户体验调研是需求获取的常用手段，调研手段包括介入观察、非介入观察、用户访谈等定性调研手段以及调查问卷分析等定量调研手段，对用户需求进行深入挖掘，以便深刻理解用户在使用产品时的心理和行为模式，此外还有对使用环境、现有技术等因素的调查了解。用户的需求按照不同标准有不同的划分方式，如图 3-7 所示，用户的需求按照是否被表述和是否明显存在进行划分，需求区域被划分为四个象限，每个象限对应相应的需求挖掘办法。比如对应已经明显存在的、用户已经表述、迫切需要解决的问题，需求挖掘就是为了既定的问题，问题的定义和分析可以借助问卷调查、模型分析等工具。

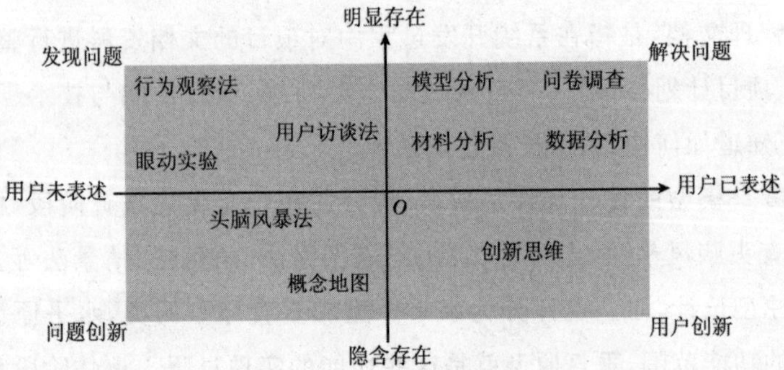

图 3-7　需求的存在表述模型

需求的挖掘只是需求分析工作的一部分,我们可以利用更多创新的办法了解用户需要什么,并将这些需要笼统归于需求。但是这些需求孰轻孰重或是否属于设计的目标都需要进行筛选和分类,设计师才能有的放矢。交互设计中常用的可进行快速需求分类和优先级排序的设计方法主要包括用户画像(图 3-8)和 Kano 模型(图 3-9)。

用户画像(Persona)是与交互设计产出相关联的一系列虚拟人物档案分析,以人格化的方式进行服务的用户类型分析。用户画像是真实用户的虚拟代表,用来分析某一类具有共同需求、属性和价值主张的目标用户与潜在用户,帮助交互设计做好需求挖掘,并通过对用户行为的优先级分析来构建服务场景。用户画像应随着产品所处生命周期阶段的不同而进行相应调整。对处在探索期的新兴产品或服务,应选用定性研究的方法来构建用户画像,选择少量目标用户进行深度访谈,从访问结果中洞见趋势,构建该类型的 Persona,而对于处于平稳发展期的成熟产品或服务可选择诸如大数据分析等定量方法把握主要的用户需求。

Kano 模型主要用于分析用户需求对产品满意度的影响,最终通过可视化展现满意度与需求点之间的关系以及需求的优先层级。Kano 模型是日本学者狩野纪昭(Noriaki Kano)提出的针对用户需求进行优化分析与分类筛选的研究工具。如图 3-10 所示,该模型通过二维横纵坐标并基于服务的用户期待值满意度与用户主观满意度将用户服务需求分为五种属性类别:魅力属性(A,Attractive Requirement)、必备属性(M,Must-be Requirement)、期望属性(O,One-dimensional Requirement)、反向属性(R,Reverse Requirement)与无差异属性(I,Indifferent Requirement)。

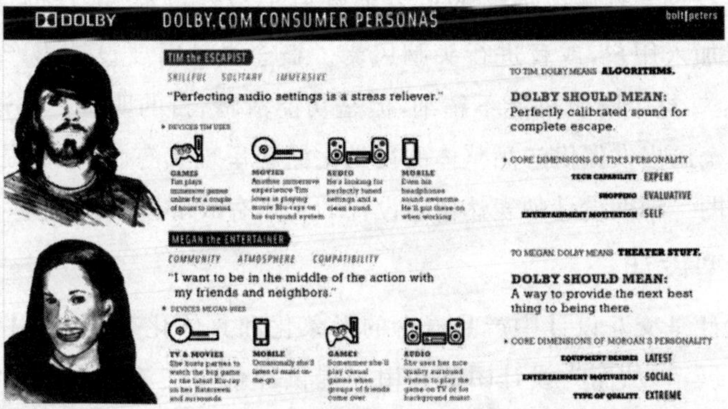

图 3-8　典型用户画像示例

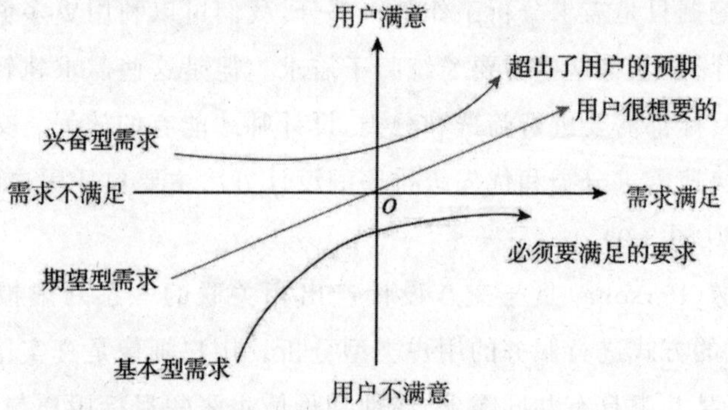

图 3-9　Kano 模型

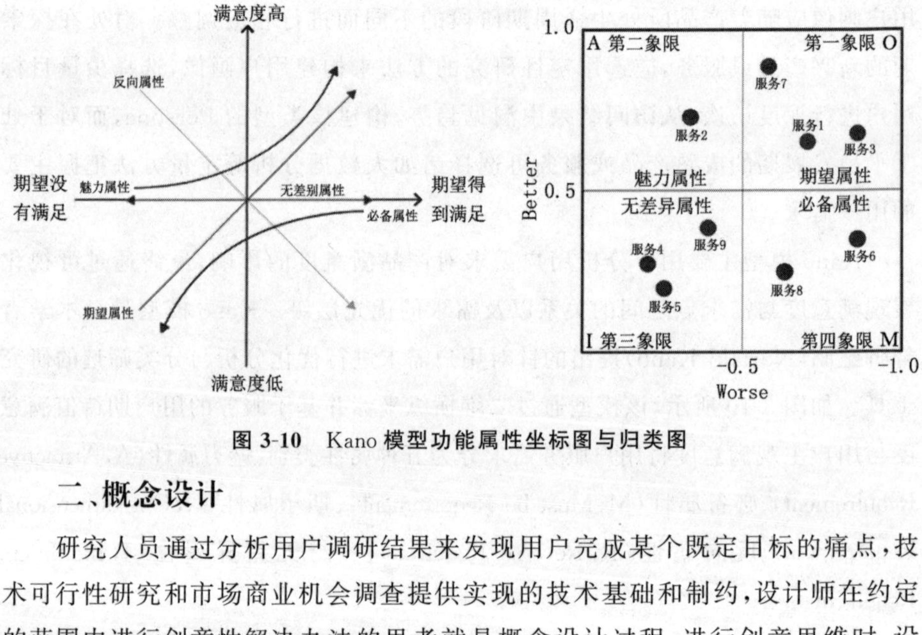

图 3-10　Kano 模型功能属性坐标图与归类图

二、概念设计

研究人员通过分析用户调研结果来发现用户完成某个既定目标的痛点，技术可行性研究和市场商业机会调查提供实现的技术基础和制约，设计师在约定的范围内进行创意性解决办法的思考就是概念设计过程，进行创意思维时，设计团队可以加入用户，或者进行头脑风暴。概念设计需要设计出产品的概念模型，概念模型在这个阶段可能不精细，但是功能清晰、目的明确。在这个阶段，设计师需要从全局出发提供产品整体的视觉化概念呈现状态，同时要提供典型用例的情节时序图。帮助设计师表达概念设计的工具有故事板、用户体验场景等。

三、原型设计

原型设计是交互设计中产品概念的形象化和具体化表现，通过设计对产品进行多维度展示，从而为设计团队和用户提供评估与交流依据。该阶段设计师需要生成系统的线框图，线框图可用于项目组内部的方案讨论，配合静态的页面流程解释功能的实现过程。面向用户时最好使用动态的线框原型，这样才能帮助用户建立起符合逻辑的心智模型。按原型的表现方式，原型可分为实体原型、外观原型、概念验证原型、实验性硬件原型、数字化原型；按原型表达产品的真实程度可分为低保真原型（Low Fidelity Prototype）和高保真原型（High Fidelity Prototype）。低保真原型设计以快速、低成本和准确表达设计概念以及便于测试为目标，高保真原型用于对产品的细节进行设计和优化，相比于产品的开发也更能节省成本。在产品的细节设计阶段需要在线框图的基础上完成交互界面设计，也就是说该阶段需要建立起可供使用的、界面和交互完善的高保真原型。高保真原型在向开发人员解释交互动作和交互动效时胜过语言解释，面向用户时能提供"概念版"交互设计产品。

从概念到低保真线框原型，再到完整高保真原型，设计过程都遵循"迭代"的理念，由粗略到精细地逐渐推进，从全局保证产品能顺利诞生，且少犯错误。交互设计整个过程中的每个环节头尾相连、相互嵌套，又包含了各阶段内部迭代和循环，因此也进行过多次的评估和小型的测试。

四、评估测试

原型评估可适用于不同的测试对象，既可以是网站、软件，也可以是产品、服务。当构建了用户可在一定程度上与之交互的原型之后，测试人员便会邀请一定数量的目标用户对原型进行评估。设计师和观察人员在用户进行操作时在一旁观察、聆听并且记录，进行测试的原型可能是早期的纸面原型，也可能是后期的成品测试。原型评估是一个循环迭代过程，每次循环迭代都能得到升级和改进意见，正是这些迭代意见推动整个产品的改良。原型测试中使用的方法有很多种，包括：可用性测试、A/B测试、灰度测试、热点测试、眼动仪测试、用户观察等方法。经过可用性测试，项目就能够筛选出可靠的方案进行下一步工作。

第三节 基于交互需求的用户研究

在进行交互需求与用户研究的过程中，需要设计师或研究人员从市场、需求和用户三方面进行探讨分析，得出分析结果，为产品实际设计工作的开展做好前期准备工作。产品的造型、质量、功能和技术等自然属性是以往设计师关注的重点。但在移动互联和体验经济时代，更加关注产品的体验属性和经济属性。体验属性，即使用体验、生活方式和文化构建等，赋予用户及利益相关者的生理、心理的感受，体验的独特之处在于其价值可长久存在于用户的内心；经济属性，相比以往过于强调用户个体对产品的经济影响和企业的经济收益，在设计时需兼顾产品对企业层面（微观）和产业层面（宏观）的影响。体验属性和经济属性需要通过前期的市场调查、设计需求调查与分析及用户研究等获取。

一、市场调查

目前，在设计3.0的大环境下，设计师在进行产品设计时，只是片面地关注产品本身的自然属性是远远不够的。对于一个创新型产品，功能上的创新并不一定会被市场所接受；同样，对于一个改良型的产品，相对于市场上其他提供类似功能的产品不能取得竞争优势，以上这两种情况均不能赢得用户的青睐，从而为企业取得经济效益，因此很难说是一个成功的设计。可以从竞品分析、品牌策略和问卷调查三个方面展开市场调查。

（一）竞品分析

竞品分析，是在竞争对手的产品与自身产品之间进行分析和比较。在进行竞品分析之前，设计师需要先明确竞品是什么和自身产品的相对优势在哪里。这两个问题是相当抽象的，设计师在考虑回答这两个问题时往往并不具体，答案也没有得到相应的量化。因此需要进行系统化的竞品分析过程来具体和量化产品的市场和竞争情况。

1.竞品分析的目的

在明确竞品和自身产品的优势之后，设计师需要进一步明确竞品分析的目的是什么，即在竞品分析的过程中，设计师应该致力于得到什么样的信息数据，以及这些信息数据对于竞品分析的作用是什么。通常，在大多数的竞品分析过程中，设计师都会分析竞品的优势，有哪些竞争点，并结合自身的产品在设计中加以借鉴和创新。同时，对于竞品存在的劣势，在比较自身产品是否存在相似问题的基础上，设计师还需要对此进行优化，将竞争对手的劣势转化为自身产品的优势。在分析比较竞品的优势和劣势之后，设计师可以更进一步对自身产品的竞争优势进行分析研究，在此基础上比较自身产品和竞品的优劣，扬长避短，为后续产品的优化升级做好准备。

2.竞品分析的方法

明确竞品分析的目的之后，通过竞品分级和竞品比较进行具体的竞品分析。

(1)竞品分级

在面对市面上众多的竞品时，常常不知道该选取什么样的竞品进行分析，这时就需要对竞品进行分级操作。通常情况下，竞品可以划分为三个级别，核心竞品、重要竞品和一般竞品。核心竞品指的是那些高于自身产品并具有很强竞争力的竞品;重要竞品指的是那些高于自身产品,但略逊于核心竞品的竞品;一般竞品指的是同自身产品相当或者还不如自身产品的竞品。竞品分级的目的在于在进行竞品分析时梳理好自身产品与竞品、竞品与竞品之间的关系。因此,设计师在竞品分析时在不同等级的竞品间会有所侧重。

以目前十分繁杂、产品品种众多的共享单车市场为例,如哈啰出行和青桔单车,无论是单车投放数量、分布范围还是用户数量等方面,在整个共享单车市场都处于有利的地位,哈啰单车和青桔单车在与一般的单车产品进行竞品分级时,被划为核心竞品。

(2)竞品比较

竞品分析实际上就是在自身产品与竞品之间进行相互比较,发现它们之间的不同,判断的优劣。因此,竞品比较是最常用的竞品比较方法。设计师在进行竞品比较时可以借助 Excel 表格等工具,将竞品与所要进行比较的内容在表格中罗列出来,方便设计师对竞品进行比较。表 3-1 所示是对当前主流的新闻类 App 的产品功能进行竞品分析,将新闻类 App 的主要功能逐次罗列出来,然后比较竞品之间是否具备此项功能或是特色功能,有则画"√",无则画"×",特色功能则用"※"来进行表示。

表 3-1 当前主流新闻类 App 竞品分析(功能)

功能	产品			
	腾讯新闻	今日头条	搜狐新闻	网易新闻
社交圈	×	√	√	×
栏目频道	40+	50+	60+	60+
轻松一刻	×	√	√	√
电台	√	×	√	√
直播间	√	√	√	√
专题	√	×	×	√
视频新闻	√	√	※	√
精品订阅	×	×	※	√
商城	×	√	×	※
要闻推送	√	√	√	√
话题投票	×	×	×	√

续表

功能	产品			
	腾讯新闻	今日头条	搜狐新闻	网易新闻
地方频道	※	×	×	√
自媒体创作	×	√	×	√
推荐个性订阅	√	※	√	√
评论盖楼	√	√	√	※
离线阅读	√	√	√	√
备注	√有　×没有　※特色			

(3)SWOT 分析法

SWOT 分析法,即态势分析,是一种经常在企业内部进行战略分析的方法,但同样可以在进行竞品分析时将这种方法移植到对产品的分析上。SWOT 是优势(Strengths)、劣势(Weaknesses)、机会(Opportunities)和威胁(Threats)的英文首字母缩写,即基于内外部竞争环境和竞争条件下的态势分析,就是将与研究对象密切相关的各种主要内部优势、劣势和外部的机会和威胁等通过调查列举出来,并依照矩阵形式排列,再用系统分析的思想把各种因素相互匹配起来加以分析,从中得出一系列相应的结论。如图 3-11 所示,针对目前比较流行的视频社交软件“快手”与其竞品,采用 SWOT 分析法进行竞品分析。

图 3-11　SWOT 分析法

3.竞品分析的核心

在明确了竞品分析目的和掌握了竞品分析方法之后,需要分析竞品的内容,这是竞品分析的核心部分。综合以用户为中心(User Centered Design,UCD)的设计理念,得出竞品分析的三大核心内容,分别为用户、功能和服务。

(1)用户

在以用户为中心的设计理念指导下,用户在设计中的地位越来越重要,用户由以前产品的被动接受者逐渐在产品设计中处于中心地位。因此,设计师在进行竞品分析时要充分考虑用户需求,搜集用户使用产品的行为习惯并逐渐得到用户体验方面的数据,为产品创新设计或迭代升级做好准备。

(2)功能

产品的功能是竞品分析的重要核心内容,一个产品本身的价值和竞争力在很大程度上以自身的功能来表现。因此,竞品分析在很多时候是竞品之间功能差异的比较。需要注意的是,如果一个产品功能性很好,但是不要忽略一些细节的展示或者优化,因为通常核心用户会觉得这些小细节很重要。比如,很多提供手机阅读服务的App产品,考虑到用户在夜晚或弱光源下阅读的需要,都会添加夜间模式。

(3)服务

相比以往对产品本身的重视,服务则是容易被设计师忽略的内容。随着以用户为中心的设计理念的确立和普及,用户自身的消费习惯也从以往重视产品品质、功能和价格,以产品本身的好与坏为判断标准的理性消费时代,转向为重视满足感和喜悦感,以对产品服务的满意度为判断标准的感性消费时代。因此在竞品分析中对竞品服务的分析研究将占整个竞品分析很大的比重。

(二)品牌策略

品牌策略在本质上属于企业管理和市场营销领域,目的在于品牌的积累,主要包含品牌化决策、品牌使用者决策、品牌名称决策、品牌战略决策、品牌再定位决策、品牌延伸策略和品牌更新等内容。但在设计领域,涉及品牌策略的问题主要包括以下几点。

1.明确目标用户,抓住核心需求

在谋划产品的品牌策略时,首先要确定定位、对位和卡位。定位是指确定产品的目标用户及相应的市场状况；对位是搜集和研究分析目标用户的行为习惯；卡位则是分析产品卡住了什么样的市场机会点。根据定位、对位、卡位的三项原则，拼多多 App 的目标用户主要为想获得实际商品优惠的家庭主妇，且在其进入市场前，已有以淘宝和京东为代表的成熟电商。拼多多以“拼得多，省的多”，迎合用户心理，让用户得到实在的购物优惠，带给用户良好的体验，提升用户对销售平台的黏性。作为新电商开拓者，拼多多 App 致力于将娱乐社交融入电商运营中，通过用户拼单开启社交加电商的模式，让更多的用户带着乐趣分享实惠，享受全新的共享式购物体验。2020 年，阿里巴巴活跃买家数量 7.79 亿人，而拼多多已达到 7.88 亿人。

2. 关联功能与产品，给用户留下深刻印象

在品牌策略的实施上，将产品的核心功能和服务与品牌进行关联，这涉及品牌策略中的传播学的相关知识。例如，美图秀秀 App，其为一款免费下载的图片处理软件，各种一键式的图片处理操作极大地方便了用户的使用，深受年轻用户的喜爱。其名称“美图秀秀”中的“美图”向用户传达出产品的主要功能是处理图片，使图片更加好看，“秀秀”则意味着向外界展示，即处理图片的目的是向外展示更加完美的图片，迎合了用户自我满足的心理需求。

（三）问卷调查

1. 问卷调查法

问卷调查法是一种调查者通过统一设计的调查问卷来向被调查者了解相关情况、征询相关意见的资料收集方法。问卷调查法根据问卷中问题的结构可以分为结构问卷、无结构问卷和半结构问卷三大类，其中三种问卷的定义与优缺点如表 3-2 所示。

表 3-2　三种问卷的定义与优缺点

分类	定义	优缺点
结构问卷	限制性问卷	优：易于大样本研究、回答、统计分析和对比；回收率和可信度较高
		缺：限制较多，不能反映被调查者的真实意图

续表

分类	定义	优缺点
无结构问卷	开放式问卷，有一定结构	优：易于小样本研究；限制少，能得到丰富的资料；可进行深入研究
		缺：难以进行定量和对比分析；收集到的数据过于广泛，影响研究效果
半结构问卷	结构问卷和无结构问卷混合	兼具结构问卷和无结构问卷的优点，取长补短，提高了研究的科学性

问卷调查法按照被调查者的填答来划分，有代填问卷和自填问卷两种形式。代填问卷即访问问卷，是由访问者根据被调查者的回答填写的问卷，包含当面访问问卷和电话访问问卷两种形式。自填问卷，顾名思义指的是由被调查者自己填写的问卷，根据问卷媒介的不同可以分为报刊问卷、网络问卷、邮寄问卷等，如表 3-3 所示。

表 3-3　问卷分类

问卷类别	优缺点
报刊问卷	优：调查分布广泛，匿名性强，问卷填写质量高，比较经济
	缺：调查范围难以控制，调查对象的代表性差，回复率较低
网络问卷	优：方便快捷，调查范围广泛，绿色环保
	缺：调查对象的代表性难以保证，数据的可靠性存疑
邮寄问卷	优：节省财力，不受空间限制，调查对象明确，代表性强
	缺：需要调查对象的地址名单，难以保证有效度、可信度和回收率

2. 问卷设计

(1)问卷结构

问卷作为社会调查中用于收集材料的重要工具，其设计关系到测量被调查者行为、态度和特征的准确度，因而十分重要。一个完整的问卷通常由问卷题目、封面信、指导语、问题和答案、编码，还有其他资料这几部分组成。问卷题目应当符合研究目的，若问卷的内容涉及隐私，则可以采用抽象题目；封面信，包含调查者的身份、单位等信息，以及调查内容的目的和调查的方式等附加信息，使被调查者能够适当地了解问卷，减轻被调查者的心理负担；指导语，是对被调查者在填写问卷时填写方法和注意事项的说明和指导，目的是让被调查者知道应该怎样填写问卷；问题和答案是问卷的主体，问题的内容应当与调查目的相符，表达要简洁明了，答案选项要准确，界限要清楚；编码，实际指的是给每一个问题和答案都编上数码，将文字信息转化为数字信息，便于计算机的后期处理；其他资料，包括问卷编号、调查员编号、审核员编号、调查日期、被调查者住址、被调查者合作情况等。

(2)问题设计

问题作为整个问卷设计的主体和核心，其主要包含三种形式的问题，即开放式问题、封闭式问题及后续性问题。开放式问题指对回答不提供具体的答案，由被调查者自行填写。封闭式问题则是将问题与答案全部列出，由被调查者选择答案回答问题。后续性问题指的是问题只适用于被调查者群体中的某一类人，调查者是否需要则须依据前一个问题的结果而定。在对问卷中问题进行设计时，需要牢记如下几个注意事项：设计问卷必须明确研究目的，问题要具体，要有具体的指向；问题应当通俗易懂；避免倾向性和诱导性问题，不要使用否定形式提问，不要直接提敏感性或胁迫性的问题；在具体的问题前，适当提供背景信息，设计辅助题目等。在问题的数目上，一份问卷问题的多少取决于调查目的、调查内容、样本性质、分析方法，以及拥有的人力、物力和财力等多种因素。通常情况下，以被调查者能够在20—30分钟内完成为宜。在问题的顺序上，一份好的调查问卷应当注意问题顺序的设计，应当由浅入深，先易后难，要层次分明，注意逻辑顺序。

(3)答案设计

根据问卷调查的目的不同，答案的形式也不一样。通常可以分为是非型、选项型、排序型、等级型、模拟线性型和视图模拟型等。是非型，以“是”与“非”“有”与“没有”或者添加上“不知道”“不清楚”的回答形式；选项型，提供若干个答案，供被调查者选择；排序型，列出若干个选项，由被调查者按顺序排列；等级型，让被调查者根据程度的深浅给予回答，通常可以分为五个等级；模拟线性型，给出一条一定长度的直线，直线两端给出两个意思相反的词，由被调查者根据自己的感受在直线的相应位置做出标记；视图模拟型，以具有明显视觉效果的图形、图片为答案。在答案设计时需要注意，答案设计要符合实际情况，要具备穷尽性和互斥性，答案只能按照一个标准分类，程度式的答案要按照一定顺序排列。

3. 问卷发放、回收和统计分析

(1)问卷的发放

问卷的发放通常有邮寄发放、当面发放、网络发放等形式。邮寄发放简便易行,对被调查者的影响较小,通常会附加上一封感谢信和回寄问卷的空白信封和邮票;当面发放则是最有效率的发放方式,可以在现场及时解决关于稿件的不明白之处,易于取得被调查者的合作;网络发放的范围广泛,样本量足够大,但要注意收集到的样本是否具有代表性,保障问卷调查得以成功。

(2)问卷的回收

问卷的回收率决定了问卷收集到的资料数据是否能作为研究结论的依据。一般要求回收率不应低于 70%,同时还要确定调查问卷的总数、有效问卷的数目及其比例。回收率在 30%左右时,所收集的资料只能作为参考;50%左右时,才可以采纳建议;70%—75%以上时可以作为调查结论的依据。

(3)问卷的统计分析

问卷的整理要借助一定的筛查手段,将那些回答不完整、质量差的问卷剔除,选择合格的问卷,以进一步提高问卷所收集的资料和数据质量。问卷的分析通常采用定性和定量相结合的方法,通过定性分析,使研究者对问题的定位有较深层次的理解和认识;问卷的定量分析,可以先对问卷结构做一个简单的分析,如百分比、平均数等,可用图表展示。

问卷调查的优点是不受空间限制,可以在大范围内对众多的调查对象同时进行调查,利于定量分析研究,这是由于问卷中的问题多是封闭式问题,可对答案编码后,输入计算机,进行定量处理与分析,可避免偏见,减少调查误差。匿名性可以减轻被调查者的心理压力,便于他们回答敏感性问题。收集的资料和数据也更能客观地反映问题,省时、省力和省钱。问卷调查的缺点是收集到的资料和数据单一,仅有书面信息,易受被调查者影响,对被调查的群体要求高,需具有代表性且具备一定的文化水平,问卷的回收率和有效率比较低;尤其是在采用邮寄的方式发放问卷时,回收率低;同时,对被调查者问卷的回答填写要求高,面向设计的问卷调查通常较难。

二、设计需求

市场调查的主要目的是获得设计需求的相关信息。设计需求不仅包含用户的需求,还包含市场的需求等其他方面的需求,本节从需求类型、需求获取和需求分析三个方面出发，探讨关于设计需求的相关内容。

(一)需求类型

在设计领域，不同的产品面向的对象不同，设计需求也各不相同。通常的理解，需求可以分为商业、技术方面需求与用户需求。这两者在一定程度上存在着交叉，并且最终表现为用户需求。即在什么场景下，用户用产品做什么事情。这里的“场景”是一个很重要的概念，不仅指的是物理环境，还包括任务场景，比如说人们去寄快递的现场，就是一个任务场景。当设计师在归纳需求时，场景是不可缺少的必要前提。而实际上，很多需求本身就蕴含在场景之中。

从产品的角度讲，由于产品本身就是一种物质与功能的存在，若使其具有意义，就必须将其置于恰当的社会环境（场景）中。目前被广大设计师所认同的以用户为中心（User Centered Design，UCD）的设计理念，即以用户为中心的设计，则更是将用户需求摆在设计的首要位置。在表 3-4 所示的四种设计方法相互关系的比较中，可以观察出在 UCD 设计理念下，用户从以往产品的使用者变成了产品设计过程中直接或间接的参与者，而设计师在这里就变成了帮助用户实现自己需求的“引路人”。

在交互设计领域，乃至于设计领域，除了用户需求外，还可以分为设计者的需求、开发者的需求、管理者的需求，甚至涉及经济领域内的市场的需求等其他种类的需求。

表 3-4 UCD 与其他三种设计方法的对比

方法	概要	用户	设计师
以用户为中心的设计	侧重用户需求与目标	指导设计	探求用户的需求和目标
以活动为中心的设计	侧重任务和行动	完成行动	为行动创造工具
系统设计	侧重系统的各个部分	系统设计目的	确保系统的各个部分准备就绪
天才设计	依靠技能和智慧	检验灵感	灵感的源泉

1. 用户的需求

需要特别指出的是，这里的用户并非是所有的用户，而是之前定义的目标用户。在收集用户需求的时候，设计师不仅要收集他们的显性需求，即他们希望产品具有的某项功能，与此同时还要关注并收集他们的隐性需求。

2. 设计师的需求

设计师作为独立的个体，在进行产品开发设计时，势必会对产品有自己的认识与理解，其中往往也蕴含着设计师自身的需求。这些需求包括了一个人的价值观、审美和情怀等，这些需求虽然不是用户直接的需要，却能让产品焕发独具一格的魅力，这一点也是产品最能打动用户的部分。比如，谷歌（Google）网站理念是“完美的搜索引擎，不作恶”，苹果（Apple）产品在设计方面非常简洁和超前，这些均是设计者需求的具体体现。

3. 开发者的需求

开发者的需求在商业活动和产品开发中具有指向标的作用，一般由开发者的公司高层来决定，而设计师来就必须了解公司的战略意图。例如，开发者要求产品在上线后就开始盈利，那么设计师在设计产品的时候，就必须考虑到产品的盈利模式，进行相应的设计。因此对于开发者的需求，设计师在收集需求时必须考虑到，否则，做出来的产品对开发者来说是毫无意义的。

4. 管理者的需求

这里的管理者可以定义为包括与产品相接触的内部及外部人员，包括产品所属公司内部人员，如运营人员、市场人员、销售人员等，以及与产品相关的外部合作伙伴等，这些人员的需求也是设计师在收集需求时所要考虑的。以电商类 App 的管理者为例，运营人员想要更加方便地了解和管理产品相关信息、后台服务和注册用户等，市场推广人员则希望能更加方便快捷地统计不同渠道带来的产品下载量、注册数和活跃数等信息。由于这些管理者所处岗位的不同，其对产品的需求也不同。总之，只要是与产品管理者相关的需求，设计师在做产品设计之前要尽可能多地进行收集。

5. 市场的需求

市场的需求是指一定数量的用户在一定的地区、一定的时间、一定的市场营销环境及一定的市场营销计划下对某种商品或服务消费的需求，由此可见，市场的需求是用户需求的总和。一个成功的产品必须迎合市场的需求，否则就谈不上成功。设计师在进行产品设计之前，必须对整个产品的市场做一个详细的调研，收集市场需求，才能设计出迎合市场的产品。但需要特别注意的是，市场需求与用户需求在本质上是有区别的，其区别就在于市场需求与用户的购买欲和购买力相关，两者绝不可混为一谈。

6. 其他种类的需求

其他种类的需求有可能是用户需要的，也有可能是用户不需要的。例如，因同类产品竞争而产生的需求。以青桔单车和哈啰单车为例，这两个存在竞争的产品都在开展补贴大战，因此设计师在设计产品的时候就需要考虑怎么去实现补贴这一功能，如是设计成充值返现、优惠券的方式，还是发红包的方式。这部分需求对于产品来说也是推动其进步的巨大作用力，很符合“物竞天择，适者生存”的进化论观点。

以上这几种不同类型的需求，设计师在进行产品设计时未必会全部规划到产品里面，但是在收集需求的时候，需要考虑全面，并尽可能全面地采集需求，因为这些需求最终都有可能会应用到产品设计中，对产品的最终形成产生有效影响。

（二）需求获取

在获取需求时，相关人员必须首先明确需求获取的渠道有哪些，以及具体的需求获取方法。需求获取的渠道如图 3-12 所示，可以总结归纳为内部渠道和外部渠道两种不同的类型。其中内部渠道包括产品，尤其是互联网产品本身被用户使用时产生的行为数据，这些数据都会被后台忠实地记录下来，设计师通过对后台这些数据的提取，可以从中得到用户的需求。需求的获取与公司的战略需求相关，设计师在实际设计时，必须考虑到公司对产品的期望和需求。“同事”包括了产品团队、研发团队、设计团队、运营团队、市场团队、销售团队和客服团队，从这些人群中可以获得不同类型的需求。其中，运营团队、市场团队、销售团队和客服团队是距离用户最近的人，往往最能理解用户“痛点”，也最能提出建设性的意见。“自己”指的是产品经理或是设计师，他们决定和设计产品属性，是最早的一批接触到产品的人，也是产品最早的一批用户，通过体验自身发计的产品，可以了解到一般用户普遍遇到的问题，明白一般用户的需求有哪些。

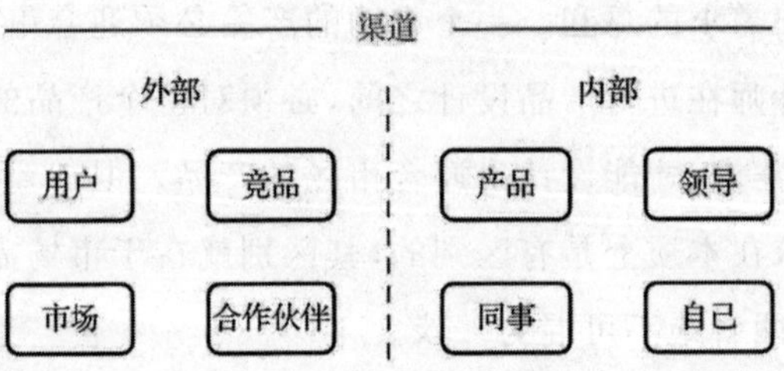

图 3-12　需求获取的渠道

外部渠道则包括用户，这也是最直接获取用户需求的渠道。对于一个产品来说，其最终目的是为用户服务，因此用户需求对于产品设计来说极为重要。通过竞品分析，比较自身产品与竞品之间的异同，并从竞品中获得产品设计的灵感，也是获取需求的一种渠道。市场需求是需求的一种类型，市场也是获取需求的一种渠道。在这里需要特别注意的是，市场的需求受到行业政策的影响比较大，如国家对校同借贷行业的规范，对众多校同借贷产品的影响就十分巨大。一件产品从最初的确立、设计到最后交到用户手中，期间经历了众多环节。其中不免涉及一些合作伙伴，从他们那里也可以获得一些产品的需求。

获取需求的渠道多种多样，获取需求的具体方式也有不同种类。如图 3-13 所示，对于内部和外部的不同渠道，分别有不同的方式来获取。其中这里需要重点指出的是，对于用户获取的方式可以分为用户直接的反馈，这种被动获取用户需求的方式，也需要设计师或相关人员主动地进行用户调研，获取用户需求。

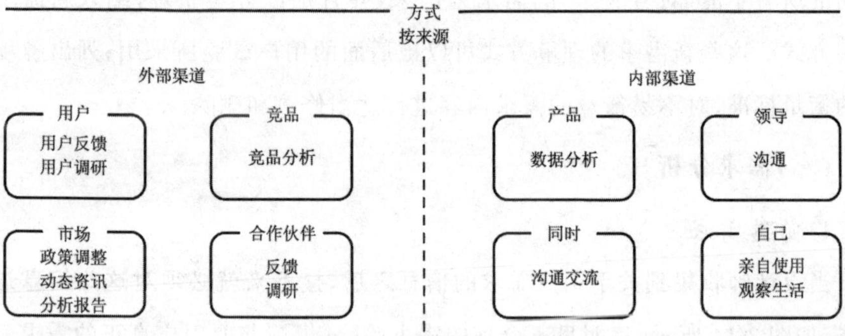

图 3-13　需求获取的方式

在进行用户调研时，人们经常会使用观察法、访谈法、问卷法、用户画像、可用性测试等，这些都是需求获取所采用的具体方法。这些方法可以笼统地归纳为用户测试，这是进行需求获取常用的方式。需要特别指出的是，在进行用户测试时，有三个衡量指标是调研人员应当注意的，分别是测试数据的完整性、系统性与可衡量性。其中完整性与系统性是根据对各种需求分类的深刻理解而得出的。因为在用户测试中，设计师获取的需求是来自不同人群的多种多样的需求，这些需求数据庞大，必须首先按照其性质进行分类才能进入下一步的分析。同时要注意的是，设计师要避免在用户测试阶段对测试对象进行过多的干扰，以防止约束被试验者的思路，影响到最终的测试结果。

在进行需求获取的过程中，设计师还应强调需求的可衡量性，也就是对需求的量化。设计师在实际活动中可能会遇到以下三种情况，有些需求可以用一些客观的方法进行衡量，如是否具备某种功能或系统反应的速度；有些需求可以通过用户测试的方法测量用户的主观判断而得到，如用户的满意程度；还有些需求不能被直接测量，如对集体精神的鼓励或对效率的提高等。这一部分需求需要进一步转化为可以直接衡量的内容，才能被设计师所利用。

为了兼顾用户测试的三个指标，设计师在测试过程中应当采取下面的步骤，请用户列出其各个层次的目标；笼统地让用户代表列出达到目标的各种需求；通过例子大致地讲解对需求各种可能的理解，然后鼓励用户代表以更开放的思路提供更多有关需求的信息；将自己对所有需求的可能理解分类展现在用户代表面前，并且让用户代表将自己提供的所有需求"对号入座"；将用户代表提出的所有不能"对号入座"的需求列出来，并且加以分类整理，纳入新需求的理解方式。这些新需求的理解方式可以被后面的用户试验所采用；列出各项需求的衡量标准，对不易衡量的需求内容进行适当修改和删除。

(三)需求分析

1. 筛选需求

当设计师收集到关于用户需求的信息之后，接下来就必须对这些信息进行筛选，如图 3-14 所示，将明显不合理的需求筛除，提炼获取用户真正的需求。因为实际上那些看似合理的需求信息，并非符合用户真正的需求。例如，在苹果智能手机 iPhone 出现之前，用户对手机的需求可能大部分还停留在按键功能机的基础上，这些需求对于开创一个全新划时代的产品，意义并不大。史蒂夫·乔布斯(Steve Jobs)曾经说道："永远不要问用户想要什么，因为用户都是傻瓜，不知道自己想要什么。"这并不是鼓励设计师们去忽略用户的反馈，而是要善于挖掘用户需求的本质。当设计师得到用户对产品真正切实可行的需求之后，需要与先前确定好的产品定位相比较，会发现用户的某些需求与产品定位之间存在着差异，因此设计师要果断地摒弃这部分需求。因此，剩下的需求就基本上属于可以运用到产品设计之中的。

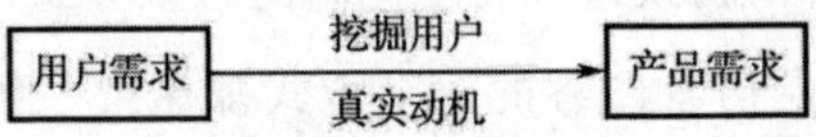

图 3-14　从用户需求中提取产品需求

2.定义优先级

通过上述几步对于需求的筛选，得到真实的产品需求，接下来设计师要做的就是面对筛选后的需求如何进行最优化地处理。事实上，由于一个产品很难满足所有用户的需求，因此如何确定哪些需求先实现、哪些后实现，即定义需求的优先级是一个亟待解决的问题。针对如何定义需求优先级的问题，目前有KANO 模型和四象限分析法两种常用的方法。

三、用户研究

在以用户为中心的设计理念的指导下，用户越发成为设计师所要关注的重点，设计师需要广泛搜集用户行为习惯的信息，倾听用户的想法和对产品的体验，进而提炼出用户的需求。这些均是用户研究所要达到的目标。本节从用户访谈、角色分析、情景构建和用户体验四个方面来探讨用户研究的相关问题。

（一）用户访谈

用户访谈是以用户为中心的设计过程的发现阶段所使用的研究方法，也是诸多用户研究方法中的核心方法之一。它既可以独立使用，也可以与其他研究方法，如观察法、可用性测试等共同使用，甚至是构成某些研究方法的基础，如焦点小组等。之所以要做用户访谈，是因为设计师在设计产品时若仅以自身的需求为依据设计产品则很难满足终端用户的需求。因此通过访谈的方式倾听用户的想法格外重要，且是获取用户需求有效的方法。

1.访谈的类型

根据不同划分标准，用户访谈有多种类型，如根据访问者与受访者之间的接触，有面对面接触的直接型访谈和通过互联网和电话等媒介的间接型访谈。一般情况下，让用户处于自然的环境中，访问者与受访者之间开展面对面交流的直接型访谈能取得最好的结果。也可以根据受访者的多少来划分为单人访谈和焦点小组两种类型。设计师可以根据实际需求和客观条件选择合适的访谈类型，根据访谈的开放程度分为结构化（标准化）访谈和非结构化（开放式）访谈。结构化访谈是一种对访谈过程高度控制的访谈方式。访谈时提出的问题、提问的顺序和方式,及受访者回答的记录方式都保持一致,便于量化和统计分析。而非结构访谈则相对自由很多,受访者回答问题的方式可以自由地发挥,但相对来说要考验访问者对问题的理解,及引导受访者回答深入的能力。

2.访谈的流程

用户访谈的流程大致可以划分为三个阶段:访谈准备阶段、访谈实施阶段和访谈后的处理阶段。

(1)访谈准备阶段

在访谈开始之前,访问者要根据研究目的和产品的特点,选择招募合适的受访对象,可以通过发放招募问卷,或从相关数据库中挑选合适的受访者。再积极与受访者进行沟通,并提供访谈的相关信息,包括访谈时间、地点、时长及访谈准备等。同时要布置好访谈的环境,若是受访者来访问者处进行访谈,访问者除了要准备好访谈时所要提出的问题,还要准备好访谈可能需要的文件和设备,如保密协议、面谈指南、录音设备和相机等。

(2)访谈实施阶段

在访谈正式开始之前,可以通过与受访者进行测试性的访谈来调整访谈节奏和问题。访谈正式开始后,首先是访谈介绍,包括访谈目的介绍,让受访者重温这次访谈的主题;访问者和受访者的自我介绍,这一步的目的在于拉近访问者与受访者的关系,为接下来的访谈做好准备;最后是访谈的规则介绍,让受访者对整个访谈情况有大概了解,保证访谈顺利、有效地进行。然后就是访谈的关键部分——访问者的提问和受访者的回答环节。要注意在提出问题时,要把握先浅后深、先易后难的尺度。在访谈时,访问者还可以根据访谈每个部分的内容做一个回顾和总结,起到承前启后的作用,并可以借此向受访者做最后的确认。访谈结束后,访问者要注意结束语的表达和对受访者表示感谢。

(3)访谈后的处理阶段

访谈后的处理阶段主要是指对访谈所得信息的处理。访谈过程中除访问者和受访者之外,一般情况下还会有访谈助理进行访谈记录。访谈助理除对受访者回答进行如实记录外,还需要在旁观察受访者回答问题时的语气、表情,这些都会帮助研究人员准确理解访谈内容。访谈结束后所得的音频和视频资料要妥善保存，留待后期的分析研究，对访谈得到的受访者的回答，要规范整理。同时也可借助如 Nvivo 等专业软件对访谈资料进行基于扎根理论的三级编码，从而进一步构建理论模型，深化对于用户类型及行为需求特征等对交互设计产生关键影响的用户分析。模型建立过程见图 3-15。

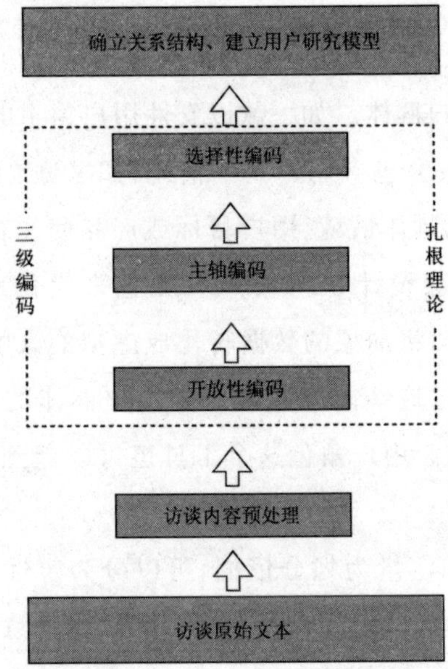

图 3-15 基于三级编码的用户访谈模型建立过程

3. 访谈技巧

用户访谈实际上还有很多技巧需要设计师了解。这些技巧不仅局限于访谈提问的技巧，还需要注意很多其他方面。如，一是访谈的环境对访谈会造成不小的影响。访谈空间的选择要适中，不宜过大或过小，访谈空间内部的灯光、装饰和摆件也会影响到访谈的氛围；访谈座位的摆放也要注意让访问者和受访者处于一定的角度，切记不要在一条水平线上。二是访问者发音要清晰、表达要清楚、语速要中等。在访谈时，访问者要表现得亲善随和，以拉近与受访者的距离，同时也要能对整个访谈进行掌控。三是访问者提出的问题要先从简单的问题开始，再问一些开放式的问题，如“你为什么……”“你是如何……”和“你做了……”等，而不要提一些封闭式的问题，如“你喜欢某某吗？”等。四是访谈中当受访者在表达自己观点的时候，访问者可以采用比较自然和鼓励的倾听方式，让受访者自由放松，说出自己的真实想法。五是访问者还可以使用一些工具，如卡片、交互原型、照片、物体等，以使访谈更具交互性，使抽象的问题更具体。上述几种访谈技巧是用户访谈时常用技巧的一部分，设计师可以根据自己的研究目的和实际情况加以选择。

（二）角色分析

1.用户角色

用户角色指的是设计师通过前期的调研与分析，有目的性地虚构出来的人物，用来代表最终的用户群体。如一款以女性用户为主的App产品所构建的用户角色。用户角色一般会包含用户基本信息，如家庭、工作、生活环境的描述，以及与产品使用相关的具体情境、用户目标或产品使用行为描述等。在交互设计领域，一个产品通常会设计3—6个用户角色来代表其主要的用户群体。用户角色相当于一个工具，将抽象的数据转化成虚拟的人物，来代表个人背景、需求、喜好等。设计师通过这些能够代表一定用户群体的虚拟角色的需求分析，来推断真实用户的需求。用户角色这个工具也可以起到交流的作用，统一众多参与人员对用户的理解。

用户角色以定性和定量为划分依据，可以分为定性用户角色、经定量检验的定性用户角色和定量用户角色三种类型。但需要注意，用户角色不是用户细分，用户细分是市场研究中常用的方法，侧重于用户与商品的对应关系，关注的是用户如何看待和使用产品，如何与产品互动；用户角色关注用户的目标、行为和观点，以及不同用户群体之间的差异。用户角色不是“平均用户”，也不是“用户平均”，关注的是“典型用户”或是“用户典型”。创建用户角色的目的在于通过关注、研究用户的目标与行为模式，帮助识别、聚焦目标用户群。用户角色不是真实用户，设计师不可能精确描述每一个用户是怎样的、喜欢什么，因此设计师需要重点关注的是用户需要什么、想做什么，通过描述他们的目标和行为特点，进行需求分析和产品设计。

2.用户角色的作用

用户角色可以在整个产品开发过程中都起到好的作用，主要有以下几点。一是转化作用，用户角色可以把抽象的数据转化成具体的人物，使设计师可以设身处地地为用户着想，帮助设计师更加准确地理解用户的实际需求。二是评定作用，设计师可以根据是否满足各个用户角色的需要来评定和指导各种不同的解决方案，根据用户满意度评定产品功能的优先级。三是防止作用，用户角色有助于防止“自我参考设计”，即在设计产品时，设计师会在不知不觉中将自己的心智模型映射到产品设计之中，用户角色可以帮助设计师将关注的重点集中到目标用户的实际需求上。

3. 用户角色的创建方法

用户角色的创建方法目前常用的有七步人物角色法和十步人物角色法。

(1)七步人物角色法

七步人物角色法，主要步骤有七个。

第一，界定用户行为变量，即将典型用户的活动、态度、能力和技能等变量收集归类。

第二，将访谈主体映射至行为变量，即通过访谈目标用户，将访谈对象与行为变量一一对应起来，且要对应到某一范围的精确点。

第三，界定重要的行为模式，即在多个行为变量当中看到同样的用户群体，进而归纳出这一用户群体的行为模式，若归纳正确，那么这一用户群体的行为变量和行为模式之间存在着相应的逻辑关系。例如，喜爱自拍的人在购买手机时会倾向于选择自拍功能好的手机产品。

第四，综合特征和相关目标，即根据事先对用户调研所取得的数据，再结合用户使用产品的场景，显示出目前产品各方面的优点和不足等特征，再提出用户对产品的目标，如产品的可用性目标、用户的体验目标和生活目标等。

第五，检查完整性，即检查人物和行为模式的对应关系，是否存在重要缺漏，是否缺少重要的典型人物，是否缺少重要的行为模式，确保用户角色和行为模式的独特性和差异性。

第六，展开叙述，即叙述创建的用户角色的基本情况，如年龄、性别、工作情况等；再叙述用户角色在与产品相关的场景中的状况，在场景的叙述中反映调研过程中所收集到的相关问题。

第七，指定用户角色类型，即将所创建的多个用户角色进行优先级的排序，可以划分为典型用户、次要用户、补充用户和非目标用户。

根据七步人物角色法针对英语口语学习类 App 可以创建如下用户角色。通过七步人物角色法前面几个步骤，将收集到的用户信息划分为不同的几类人群，然后针对不同群体的调查研究，归纳出不同人群的用户特征及他们学习英语口语的场景，并创建能够代表这类人群的用户角色，再结合具有代表性的场景，叙述相应的情景，最终根据产品设计的目标确定用户角色的优先级，完成用户角色的创建。

(2)十步人物角色法

十步人物角色法，主要步骤有十个。

第一，发现用户，即确定所要创建用户角色的原型用户及他们与产品的关系，需要设计师进行前期的用户调研，可采用问卷和访谈等形式收集资料。

第二，建立假设，即根据所收集到的用户资料，先对整个用户群体进行假设性的归类划分，发现用户之间的差异并大致描绘出目标人群。

第三，调研，即针对主要用户角色、场景和剧情的调研。

第四，发现共同模式，即基于调研所得的用户资料，发现他们的共同模式，将其分门别类地分为不同的用户群。

第五，构造虚拟角色，即编写确认虚拟用户角色的相关信息，如年龄和性别等。

第六，定义场景，即用户角色在何种场景下产生何种需求，这是构建用户角色的关键一步，设计师根据用户角色在不同场景下产生的不同种类的需求为后期的设计提供必要的思路。

第七，复核与改进，即设计师对已经创建好的用户角色模型的描述和评价，发现是否存在不足。

第八，知识的散布，即通过召开讨论会等方式邀请不同的人群对所创建的用户角色进行评价。

第九，创建剧情，即创建叙述式剧情，设计师使用用户角色描述和场景形成剧情，以得到用户案例，并对需求规格进行说明。

第十，持续的发展，即随着研究的不断深入，已经创建好的用户角色也会随之进行不断的修改完善。

根据十步人物角色法针对超市智能购物车可以创建如下用户角色。根据调研结果，将智能超市购物车的目标用户划分为不同的群体，有学生、公司白领和家庭主妇等，总结归纳这些用户的特征，并结合这些群体在超市购物时的场景，创建人物情景，完成用户角色的创建。

(三)情景构建

情景构建也称情景分析法或脚本法，简称情景法。情景是对事物所有可能的未来发展态势的描述，既包括对各种态势基本特征的定性和定量描述，还包括对各种态势发生可能性的描述。情景分析法是由荷兰皇家壳牌集团于20世纪60年代末率先使用的基于脚本的战略规划，并获得成功，于1971年正式提出。在20世纪90年代末，人机交互领域的领军人物，美国宾夕法尼亚大学信息科学与技术学院教授约翰·卡罗尔(John M. Carroll)提出了以场景为基础的设计理念，相较以往在企业的战略分析中所使用的情景法，约翰·卡罗尔(John M. Carroll)提出的方法则更偏向于对用户客观行为的描述。情景分析法用一个有力的框架工具来构建故事，通过故事，把用户、环境和行为等要素串联起来，细腻地捕捉用户在实际场景中的生理和心理特点，帮助产品找到潜在的问题和市场机会。

1. 情景分析法的作用

情景分析法作为帮助设计师找到用户需求的工具，主要有以下三点作用。

(1)梳理用户行为

设计师通过前期的观察和用户访谈可以得到关于用户行为的信息，情景分析法将这些用户行为信息串联，将这些行为信息编纂成一个完整的“故事”，为后面的分析做准备。同时可在多个用户行为信息存在的情况下，排除用户行为信息中的个性部分，归纳用户的共性行为。

(2)验证现有设计方案的可行性

根据调研得出的结论，经过分析，提出设计方案。情景分析法可帮助设计师来验证现有设计方案的可行性，找到不足。

(3)用户角色的补充

用户角色源自对现实中用户的分群归纳，如果仅是对用户类型和性格等方面的概括总结，则会使得用户角色显得单调，不利于后期的设计分析。因此需要为每个虚拟的用户角色安排一段与产品相关的行为描述，来说明用户角色在使用产品时的具体情况。

2. 情景构建的内容

在明确情景分析法的作用后，如何构建情景则成了主要问题。情景构建通常要考虑以下四个方面的内容。

(1)情景故事主线的归纳

当设计师通过前期的观察法和访谈法得到关于用户行为的信息后,将这些独立的行为信息串联成一个完整的“故事”,需要有一个简单清晰的故事主线,但是故事主线一定要围绕着产品展开。

(2)情景故事要素的填充

确定情景故事的主线就如同搭好一个完整的框架,再用各种细节来填充这个框架,使情景故事更加饱满丰富。人物、故事情节和环境是小说的三大要素,而情景故事与此类似,也有三大要素,分别是特定的环境或状态、单个或多个用户角色和与用户角色相关的媒介工具。特定的环境或状态是用户角色与产品之间发生交互关系的环境或相应的状态;用户角色是整个情景故事的核心,整个故事都是围绕着用户角色展开的,在情景故事中要加强对用户角色动机、能力和用户使用产品所需要知识的描述,以方便后面的分析;与用户角色相关的媒介工具,在很大程度上指的是所要设计的产品或与产品相关的物品。

(3)情景故事的整理和完善

在梳理情景故事时要注意控制整个情景故事的篇幅,篇幅一般控制在100—200 字,精简掉不必要的细节,有利于设计师在阅读和分析讨论故事时进行记忆。

(4)情景故事的要点标记

情景故事的主要目的在于让设计师清楚地了解用户的行为习惯等相关信息,因此对情景故事内要点的标注很有必要。这些要点包括了用户角色主要的行为流程、故事中出现的相关物品、与用户角色之间的交互联系和故事中用户角色的行为结果,分析不完善之处,寻找机会点,有助于设计出产品的新的特色。

(四)用户体验

用户体验(user experience,简称 ux)是用户在使用或期待使用某一产品、系统或服务时的感受和反应。用户和产品接触的全部过程可称为用户体验,这一全部过程包括了从最初了解产品、具体研究、获得产品、安装使用,直到产品的各个方面的服务与更新,如图 3-16 所示。用户体验虽具有一定的个体主观性差异，但常用来衡量交互设计的品质高低与用户评价，是交互设计中非常重要的设计目标。

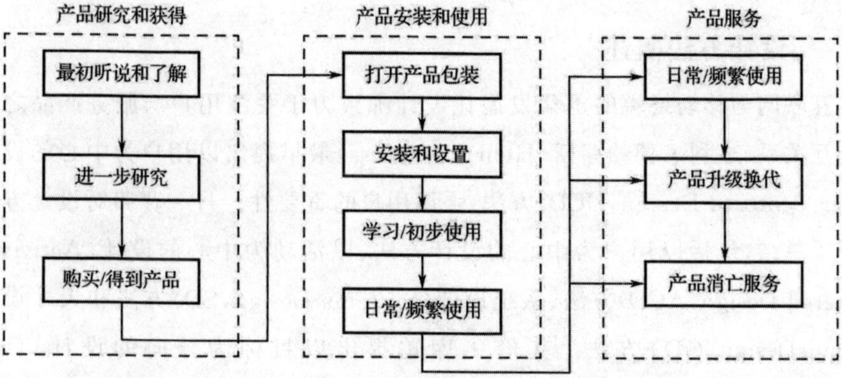

图 3-16 用户体验的全部过程

在实际生活中，有很多因素影响用户使用产品的感受，即对用户体验产生影响。这些大大小小的因素可以划分为三种类型，即用户因素、产品因素和环境因素。

1. 用户因素

用户因素，主要包括用户的情感和能力、对产品的理解和认知，以及用户期望用产品完成什么样的任务、达到什么样的目标等。当设计师在进行产品用户体验方面的设计时，有时用户的因素属于客观存在，设计师无法在产品设计上对这些因素进行优化，需要设计师将某些用户因素转化为用户需求，将其运用到产品设计中。

2. 产品因素

产品因素，主要指产品的功能和技术对用户体验的影响。用户选择产品时，以自身的需求为出发点选择相对应功能的产品，产品的功能需要满足用户的需求，如果不满足这一点，其带给用户的体验是糟糕的。技术也与产品的功能一样，对于建立成功的用户体验十分重要。

3. 环境因素

环境因素，包含自然环境因素、社会环境因素和文化环境因素。这些环境因素对于用户关于产品的体验也产生相当大的影响。

第四节　交互设计常用方法

一、设计方法概述

互联网与移动终端的迅猛发展让设计师致力于关注用户与服务产品之间的交互关系，亨利·德赖弗斯(Henry Dreyfuss)最早提出以用户为中心的设计(User Centered Design,UCD)方法，强调用户的重要性。丹·赛弗对设计方法进行了总结，包括以用户为中心的设计方法、以活动为中心的设计(Activities Centered Design,ACD)方法、系统设计(Systems Design,SD)方法和天才设计(GeniusDesign,GD)方法。艾伦·库珀提出以目标为导向的设计(Goal Directed Design GDD)方法，旨在更好地理解用户目标、需求与动机。贝拉·马丁(Bella Martin)有效收集了一百多种高效设计研究方法，为设计研究提供多种解决方案。IDE0设计公司运用独特的创新设计方法设计出许多令人称奇的产品。如今大数据背景下的交互设计研究分析方法则运用信息思维，关注系统产品与服务设计的开发创造；关注用户的行为动机、潜在需求；关注交互媒介的传播方式、交互方式以及交互服务系统的功能特征。

随着信息技术的发展，交互设计方法有了更深层次的精神内核，更加注重情境、情感的自然交流，在实现功能的同时提升用户的情感体验。以用户为中心的设计重点关注用户的情感和态度，包括情感化设计、感性设计等，关注用户的感知行为，与用户达成情感共识并通过信息界面表现出来。以活动为中心的设计针对的是完成目标的活动，实质仍然凸显了对用户活动观察的重要性，包括行为观察、行为动态分析等，这也反映了用户在设计过程中的中心地位。系统设计将完成某个目标时用户接触到的环境、使用到的技术或产品以及用户本身组合成一个系统，成为一种设计范式，包括交互系统设计、产品系统设计、人—机—环境系统设计。天才设计主要是依靠设计师的智慧和经验来进行设计决策，相应的方法包括直觉设计、意识设计和创意设计。目标导向设计认为用户目标是设计实践的前提和基石，通过直接深入地研究分析用户目标，解决产品设计过程中的重要问题。

二、以用户为中心的设计

以用户为中心的设计强调了用户的重要性，强调系统产品的目的是为用户服务，而用户对产品的情感和态度是这个“重要性”的重要组成部分。设计师对用户使用系统产品时的情感与态度进行调查研究，分析用户在使用系统产品过程中的特点，理解用户的情景与需求，在设计中尽可能地满足用户的情感需求，重视用户的使用体验，从而创造出用户满意的系统与产品。其中情感化设计、感性设计都是以用户为中心、重视用户情感与态度的设计思想。

(一)情感化设计

情感化设计是通过对设计要素的研究分析，将情感元素融入系统产品设计中，使用户在使用过程中获得情感满足。设计时通过调研对用户需求进行分析，造型、结构、功能、样式和材质的选择要符合用户的情感需求。情感化设计把设计分为三个层次，即本能层面、行为层面和反思层面，设计中针对这三个层次进行用户需求分析，从而设计出亲切实用的产品，如图 3-17 所示。

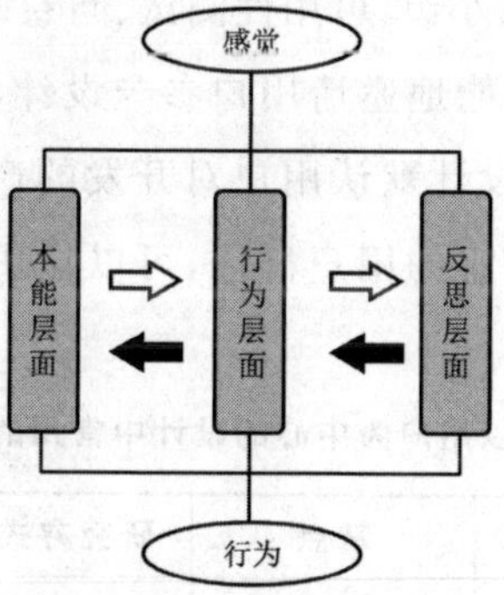

图 3-17 情感化设计

以情感化设计理念指导老年人系统产品设计时，我们要考虑老年人对高科技产品的恐惧与抵触情绪，设计时满足老年人的情感需求与偏好能够更容易获得老年人的认同。设计实践中，从情感化设计的三个层面，分析老年人的身体特征、心理特征等，比如中国老年人在穿戴饰品方面更喜欢购买金银、翡翠等传统饰品，因此在可穿戴产品设计中可加入金、银、玉等设计元素。老年人行为层面分析包括视觉行为和操作行为：在视觉行为上，老年人色觉、明暗对比能力等明显变弱下降，设计中应避免色彩纷杂现象，而是采用大面积的不饱和色，如采用中性色、白色搭配低饱和度的绿色或蓝色，让老年人感觉亲切；在操作行为上，由于老年人认知能力下降，界面架构设计中要简化界面层级深度，简化操作流程，使老人在操作过程中获得愉悦体验。

(二)感性设计

感性设计是基于感性直觉、灵感设计的一种思维方法，设计师在设计过程中通过运用感性设计思维将产品情感色彩传递给用户，影响用户对设计产品的感觉。因此在视觉营销设计中，设计师通过产品视觉设计来影响消费者，包括时尚的产品外观、炫目的设计符号、富有感染力的产品造型与形象等。

感性设计中会通过设计表现出产品使用指示性，比如通过旋转按钮的大小传达出精细的微调或者大范围的粗调等信息。通过产品的颜色暗示产品特性、使用方式，如黑色的太阳伞涂胶显示其不透光性，让使用者感受到它有遮挡紫外线的功能。

(三)常用的设计研究方法

在设计方法上，以用户为中心的设计必须采用行之有效的方法了解用户需求，确定设计目标，包括焦点小组、可用性测试、问卷调查与用户访谈等，如表 3-5 所示。在设计过程中，尽可能地邀请用户参与设计，发现设计的问题并给出解决方案。以用户为中心的设计默认用户对开发的产品和背景知识有一定的了解，如果确实无法招募到理想的用户群体，可以让用户试用产品(或模型)培养潜在用户。

表 3-5　以用户为中心的设计中常用的研究方法

方法	优点	缺点	研究方式	样本大小	适用场合
焦点小组	易执行、资料广泛	易产生偏差	定性	低	用户需求采集
问卷调查	调查范围广、效率高	回复范围受限、可能会遗漏细致深层信息	定量	高	用户需求采集设计评价
用户访谈	灵活性强，信息资料直接有效	范围小、用时长	定性	低	用户需求采集设计评价
卡片分类方法	可操作性强、材料简单	整理分析成本高	定量	高	设计

续表

方法	优点	缺点	研究方式	样本大小	适用场合
可用性测试	直接性、高效性、低干扰性	成本高	定性和定量	低	设计和评价

以用户为中心的设计出发点是为了满足用户，因此强调用户意见在产品设计和决策中的作用，久而久之就形成了一种用户随时参与设计过程的设计模式，其要点包括以下五点：

第一，有需求就有设计，需求是设计的使命和目标。

第二，明确用户要达成的目标，理清用户的任务并为其简化。

第三，用最适宜的工具和手段帮助用户完成目标，不给用户带来负担。

第四，确定产品方案时要有用户的参与。

第五，理想状态下用户参与设计的各个阶段。

在设计理念上，设计师不能用自己的主观意愿替代用户的诉求，除非自己就是用户，当然为了让设计师能贴近用户去思考，鼓励设计师站在用户的角度去体验。以用户为中心的设计思想已经深入人心，其优点在于充分了解用户需求，较少占用用户学习的成本，提高产品的易用性、满意度和用户体验。其缺点在于，过分依赖于用户的需求来建立整个项目的过程，用户也会出错，因此到底听不听用户的，听多少，听哪些一定要视实际情况而定。

三、以活动为中心的设计

以活动为中心的设计理论最早是由美国著名心理科学家唐纳德·诺曼提出，其基础是活动理论(Activity Theory)。活动理论起源于康德与黑格尔的古典哲学，马克思辩证唯物主义对活动理论进行了更为深刻的阐述，在苏联心理学家列昂捷夫与鲁利亚的研究时期达到成熟，是社会文化活动与社会历史的研究成果，是研究不同形式的人类实践的哲学框架。诺曼作为认知心理学家，其方法理论受到心理学的影响，心理学中对人的行为研究源自行为心理学的一些方法，包括行为观察、行为动态分析等。

(一)行为观察

活动理论的重点是关注人们做什么、怎么做、做的过程中如何交流，以活动为中心的设计就是这种活动理论的应用。如在公交车设计分析中，要考虑乘客在乘车过程中需要完成的行为活动，乘客在乘坐公交车时的活动为上车、刷卡或投币购票、乘车与到站下车。上车前候车期间，乘客需要了解坐什么车到达目的地，乘坐时间以及要等待多久。上车时要考虑到车的人机工程设计，台阶的高度、防滑性以及购票空间布局适宜性。乘车时的座位空间设计要考虑座位的舒适性，座位在满足舒适的情况下尽量紧密；站位的把手设计考虑数量、高度等人机问题。乘客在到站下车时，应有到站提醒、车门关闭等警示信息。设计时还需考虑到人群分类，乘客包括普通乘客和特殊乘客，公交车要配置特殊人群上车时的上车拉手，轮椅或婴儿车上车设施与停放空间，行动能力下降人群的协助起坐座椅等。通过对用户一系列活动行为进行观察，从而发现用户在活动中可能遇到的问题。

（二）行为动态分析

以活动为中心的设计更强调体系结构设计核心内容，包括活动和功能。在研究分析中将用户活动描述等静态内容转换为动态可执行模型，设计完成后利用仿真软件对设计进行动态分析，根据分析结果对设计进行优化迭代。

关于以活动为中心的设计运用时主要注意以下几点：用户的一举一动是关注的重点。不能一味强调用技术去适应人。以用户为中心不是绝对的选择，不能任何时候都围绕用户展开工作。

以活动为中心的设计思想在实践中将事件作为重点和关注的对象，这有助于设计师关注事件本身而不是更加遥远的目标。同样，以活动为中心的设计关注人的学习本能和主动性，发现了人对技术的适应能力和主动性。因为再好用的产品，用户在首次接触的时候都需要一个学习过程。其次，诺曼认为倾听用户是正确的，但是倾听用户并非听从于用户，要防止过于屈从于用户的意志导致设计的复杂和无法进行。

四、系统设计

系统设计方法的实质是将用户、产品、机器、物件和环境等组成要素构成的系统作为一个整体来考虑，这样在应对任何项目时都能形成设计示范和框架。分析各组成要素的作用和相互联系，根据系统目标提出合理的设计方案。比如使用手机订餐，整个事件如果是在一个系统中完成，这个系统包括了哪些东西呢？目标：也就是系统整体目标，使用手机随时随地订餐、查看餐厅信息等。注意，目标可能有很多个环境，包括宏观、微观场景。目标也包括用户的饮食习惯和位置地点饮食文化、餐厅分布等。通信:使用移动终端必须要设计通信终端,即针对餐厅和普通用户的终端。任何操作都是对于餐厅和用户双方的处理反馈、服务咨询等。其中交互系统设计重点关注人与系统的交互功能,产品系统设计是从全局观念出发对产品的生命周期进行系统性整合与开发。

(一)交互系统设计

交互系统设计是采用系统的观念来设计系统产品交互,设计中把除了人之外的参与对象作为系统,考虑人与系统之间的双向信息交流,以人为本,重点关注人的交流与体验。交互系统由人(people)、行为(activity)、使用场景(context)和技术(technology)四个基本元素组成,简称 PACT 元素。

PACT 交互系统设计将用户放在中心位置,用户在特定的场景、技术使用条件下行为有所不同,其中场景和技术是自然变量,而用户的行为是因变量。PACT 交互系统运行模式中,特定环境或者场景中的行为、活动对设计和技术提出了要求,而技术则为活动提供支持。PACT 交互系统设计框架的目的在于理解现有系统运行的模式,然后运用设计,让系统所有元素达到最好的组合效果。

需求分析:通过用户调查研究了解用户的行为模式、功能需求。根据调研数据分析评估用户需求并构建用户行为模式,进一步对用户的使用环境、系统所使用的技术进行构建。

概念设计:在 PACT 的系统构建的基础上对交互系统方案进行概念设计。

原型设计:在概念设计的基础上制作系统产品原型,原型包括软件界面、硬件界面、交互服务系统等。设计完成后结合用户行为与使用场景对原型进行可用性评估,评估包括可用性测试以及整体评估可用性问卷 PSSUQ 量表等。

设计迭代:在原型设计与评估的基础上对设计进行修改迭代。

方案执行:在反复测试迭代后确定最终设计方案并执行方案。

交互系统设计中要遵守设计的易用性、可用性、可接受性、可参与性原则,设计出满足用户需求的新的生活娱乐交互方式。

(二)产品系统设计

产品系统设计将现代工业产品设计作为一个系统,设计时从全局出发,将各部分设计要素进行整合并建立联系,包括市场调研、产品定位、方案设计、工艺设计、产品制造等。产品系统设计在美学原则的基础上,对产品功能、造型、结构、材料工艺进行全方位的设计。

文化创意产品的开发设计也是一个系统设计过程,我们以二十四节气文创产品开发为例,首先是对二十四节气文化概念、消费者文化意象与市场现状进行调研分析,提取二十四节气文化中蕴含的设计元素以及设计定位。根据调研结果提取具有代表性的节气语义因子及形态要素,结合文创产品特征进行设计,使文创产品更具个性情感特征与文化传统方面的象征意义。在概念设计的基础上确定产品造型与工艺等,形成文创产品可视化设计。

(三)人—机—环境系统设计

如图 3-18 所示,人—机—环境系统设计以人为核心,围绕充分发挥人的能力,提高工作效率的原则进行。人—机—环境系统设计思想在"二战"期间经历了快速发展,由于战争的需要,设计开始考虑如何使武器、兵器、军事工具和设备最大可能地适应人的使用要求,从而使军事设备达到效果最大化,战争后的研究重点也转移到如何发展适合人的需求的设计上。

人在系统中处于主体地位,设计研究中,运用生理学和心理学等相关知识,从人的生理特征、心理特征、认知性能以及运动性能等方面对人的各类因素进行研究分析,也要重视多因素作用下的人机特性,从而创造出更舒适的生活、娱乐与工作环境。设计实践中首先考虑人的因素,分析人在使用产品时的特征与可能会遇到的问题,人—机组成的系统在协作过程中应该有优良的体验。设备使用环境因素包括色彩、温度、声音等,这类因素会影响人的使用情绪,对人的日常生活和工作环境的色彩、灯光及其他环境因素进行分析,将日常环境因素应用到产品环境中,引出用户对熟悉环境的感知从而改善用户的心理感受,满足用户的需求。

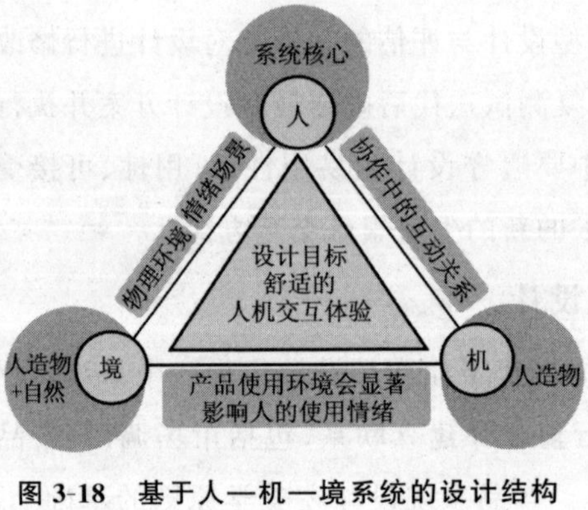

图 3-18　基于人—机—境系统的设计结构

关于系统设计，我们也要通过以下问题检验设计是否完整、全面：系统由哪些元素组成？用户如何控制系统？系统的外部环境如何？环境对目标有哪些影响？环境对用户的行为造成了什么影响？什么样的标准能判断系统设计的完整和达标？

五、天才设计

天才设计，顾名思义，这种设计方式主要依赖设计师的智慧和经验来做设计决策。一般运用在设计开发前期的概念阶段，使用发散性的想法对项目进行构想，然后发现一些意想不到的方法，但是在项目进行到比较深入的情况时，还是会采取其他方法。由于很多组织设计体系已经很完善，大多设计项目都不会采用天才设计，而且这种方法具有很强的个人因素，有时候没有成熟的检验方法，弊端比较大。但是，对于个体设计师、需要创意的项目而言，天才设计最能激发设计师创造的潜意识，是一种最具柔性和灵活性的设计方式，允许设计师钟情于自己的灵感和决断。天才设计与人的认知过程有关，最直接的方法有直觉设计、创意设计等。

（一）直觉设计

直觉设计又名无意识设计，设计中不做调查研究，仅依靠设计师的使用经验进行决策判断。由于设计行为依托于设计师个体，直觉设计能充分发挥设计的创意性。在遇到较少接触的产品时，设计师往往无从下手，因此直觉设计更多的是灵感激发的过程。

直觉设计过程中依靠设计师的潜意识，包括感官认知、文化与历史认知、记忆与习惯等。在心理活动指导下的设计会实现用户潜在的心理需求，比如从饮料的包装能直观地了解到饮料的味道。优秀的直觉设计往往能符合用户的生理需求，产生心灵上的共鸣，在设计中，只有深入地挖掘到用户的隐性需求，设计作品才能深入人心。

（二）创意设计

创意设计需要拥有创意、品牌、视觉的综合能力，通过加入品牌设计、造型创意、色彩创意、动效创意等，建立独特的产品风格，打造产品差异化竞争。

由于不受 UCD、ACD 以及系统设计那样的诸多约束，天才设计给设计师更自由的发挥空间，不会依赖用户研究环节，采取这种设计思想可能出于不同的目的，主要有几种情况：第一，对品牌的号召力有绝对的自信，产品具有忠实的

"粉丝"群体。第二,受资源或条件的限制。譬如,有些设计师工作的机构不提供研究资金和时间,或者设计师自鸣得意的设计不被公司青睐,迫使设计师只好离开,去做自己的设计。第三,出于保密或营销策略,产品设计工作需要绝对保密性或者创意性,或者是对时间要求很紧张。一般仅适用于知名度大的公司,且以成功的产品为基础。

世界上没有绝对依靠设计师天才设计成功的成品,产品的成功是市场、技术,尤其是用户综合影响下呈现的结果,所以天才设计具有一定的风险。坚持天才和灵感不等于固执己见,在创新越发困难的今天尤其重要。

六、以目标为导向的设计

目标导向设计以用户行为为导向,旨在更好地理解用户目标、需求与动机。设计时需要考虑用户是谁、目标是什么、产品工作形式与交互形式。设计中会用到多种研究方法,包括利益相关者访谈、市场研究、构建用户画像以及使用情境。目标导向设计大致分为六个阶段。

(1)研究

研究阶段定义项目目标与用户目标,根据目标进行用户访谈和观察,了解潜在用户行为、态度、能力、动机与环境。根据市场调查研究了解市场现状、相关技术,对产品前景进行规划并寻找机会点。

(2)建模

建模阶段根据调研数据构建用户画像,创建情景剧本,讲述产品如何贴近生活和环境并帮助用户实现目标。

(3)需求

需求定义阶段规划产品功能需求、设计需求、技术需求等。

(4)框架

根据需求定义形成设计框架,定义信息和功能如何实现,产品使用流程等。描述用户和产品交互方式以及交互行为顺序。

(5)提炼

设计细化阶段需要完善产品造型、外观、原型图等,通过测试对设计原型进行修改迭代。

(6)支持

根据开发需求进行设计修正,保持设计概念的完整性。

目标导向设计方法能够回答和定义设计过程中的重要问题,完善产品交互形式，让用户更方便地通过产品实现自身目标。

第五节　交互设计驱动的体验创新

在数据爆炸、信息过载、智能设备更新换代速率极快的背景下，用户体验已成为了产品竞争的核心要素，交互设计作为连接用户与产品的重要媒介，其重要性不言而喻。在谈到交互设计如何驱动体验创新，就需要结合人机交互的初衷与含义来探寻用户体验可以深化发展的机遇和方向。

一、人机交互的目的

人机交互（Human-Computer Interaction Techniques，HCI）是指通过计算机的输入和输出设备，以有效的方式实现人与计算机对话的技术。人机交互研究如何把计算机技术和人的需求和行为特征联系起来，使计算机技术与使用最大限度地人性化。用户界面设计须在视觉、听觉、触觉等通道，基于比喻、表达、认识、声音、运动、图像和文字等手段对元素进行整合呈现、从而传递信息。人机交互和用户界面设计的原则，不是训练每一个人都成为操作计算机的专家，而是赋予计算机软件系统尽可能多的人性、便于与人沟通。

人机交互的目的是使人与计算机系统之间的信息交换方式更高效合理、更为人性化，使信息的传递更可靠、减轻人的生理与心理负担，因此要在人机对话中创造稳定和谐的关系，需要充分考虑交互界面问题，通过对键盘、鼠标、屏幕等传统输入输出设备的改进，以及对手写板、语音输入等新方式的引入，彻底解决人机交互的实用性问题，提高人机交互效率。

二、人机交互未来三大发展方向

基于创造稳定和谐的人机关系的交互设计宗旨，结合未来趋势与需求更新，人机交互方式会随着物联网的不断更新升级以及人工智能技术的进步而不断朝以下三个方面进行强化发展。

（一）以用户为中心的设计深化

数智时代的以用户为中心的设计不再局限于被动收集用户反馈而优化界面布局，而以用户为中心的交互方式在于能更有效地识别用户表达的细微情感，并快速理解及满足其潜在需求，构建更精准的用户画像并指导设计决策。如何以用户为中心？即设备能够时刻感知用户需求的本质来源，分析用户行为动机,并随之快速做出合理的反应;甚至主动向用户发起智能交互,在于用户进行主动互动中不断构建与更新用户知识图谱,为建立精准用户画像提供数据支持。例如,设备或产品十分了解某个用户,设备会永久记忆该用户的行为习惯和各类偏好,并能在之后变换的多个使用场景中自动匹配情境特点、用户行为与需求特征,生成解决方案并不断对其进行调整,让该用户的生活变得更简单舒适。而当该用户处于某个情绪低谷或负面状态时,设备也能够智能识别并推荐相应的解决方案,但同时又不会强制用户进行选择。

(二)个性化的生物识别

技术进步也会带来交互模式的革新。未来,主动交互输入将会变少,基于生物识别的隐式交互、智能交互等将会融入更多的交互产品中,如通过指纹、视网膜、心率,甚至 DNA 等每个人独有的特征来完成身份识别或认证的交互行为。生物识别的融入,核心在于数据安全。在物联网时代,当人借助于智能穿戴设备与万物连接之后,每个人,或者所佩戴、控制的设备,其唯一属性与安全性就成为一个关键因素。以支付场景为例,随着识别技术的不断突破,未来将是根据人身上的任何一个特性进行识别并激活设备从而进行支付。随着用户对隐私的逐渐重视,以及对信息安全意识的增强,尤其是智能穿戴设备与人体的深度融合之后,基于生物识别的个性化人机交互方式会成为打造安全智能生活的最大前提。

(三)全方位沉浸感知

在探讨人机交互领域的未来演进路径时,微软公司的奠基人比尔·盖茨的见解极具前瞻性,他强调:“人类与自然界固有的、直觉性的沟通模式,无疑将是塑造人机交互未来走向的核心驱动力。”这一预见深刻揭示了人机交互技术向更加自然化、智能化迈进的必然趋势。未来的技术生态将致力于实现设备的全方位用户感知能力,不仅即时响应明确需求,更能预判并预置解决潜在需求的策略,达到“心念一动,万物响应”的境界。随着可穿戴技术、智能家居系统、以及物联网(IoT)等前沿领域的蓬勃发展与实际应用,智能化生活的全面构建已成为科技发展的核心议题之一。在这一背景下,人机交互作为连接物理世界与数字空间的桥梁,其重要性日益凸显。通过对人机交互历史轨迹的深入剖析与现状的细致审视,可以清晰地勾勒出一条指向自然交互模式的发展轨迹。该模式旨在促进人机与环境之间的和谐共生,实现三者间无缝、自然的融合状态。

虚拟现实(VR)与增强现实(AR)技术,以其交互性、沉浸感及构想性为显著特征,构成了推动人机交互向更高层次发展的关键技术力量。这些技术不仅能在三维空间中实时呈现高度逼真的场景,还为用户提供了直观、自然的操作环境,极大地增强了用户的参与感与体验深度。VR与AR的广泛应用,预示着虚拟化将成为未来社会发展的重要主题,它们不仅顺应了当前人机交互领域对于交互性、体验性、沉浸感及真实性的追求,还通过提升虚拟情境的真实感,极大地拓展了用户界面的直观表达、互动效率与协作潜力。

因此,人机交互的未来发展将深刻体现于技术的自然化、智能化趋势之中,而VR与AR等前沿技术的融合应用,则为这一进程注入了强大的动力与无限可能。随着技术的不断进步与创新,人机交互将更加紧密地融入人们的日常生活,开启一个前所未有的智能化、虚拟化时代。

三、实现交互设计的体验目标

交互设计的核心目标是提升用户体验品质,这同时也是评估其成效的关键指标。交互设计主要追求两大目标,即"可用性"与"用户体验"。其终极意图不仅涵盖产品物质层面的交互功能,更延伸至用户在精神层面所获得的深刻体验,这种体验应超越基础的好用性,达到令人耳目一新、甚至惊喜的层次。

艾伦·库珀在《交互设计之路——让高科技产品回归人性》中强调,优秀的交互设计应无碍于使用者,并能有效达成交互目的,这实质上是对"可用性"的深刻阐释。而《交互设计——超越人机交互》则明确指出,交互设计的核心在于如何创造全新的用户体验,这凸显了"用户体验"在交互设计中的重要性。

"用户体验"特指用户在与产品互动过程中所产生的情感与感受,它具有主观性,但同时受客观情境的影响。这一概念由认知心理学家唐纳德·诺曼在20世纪90年代中期提出,用以描述用户与系统交互时的感受。在人与产品或系统的交互中,除需达到可用性的基本标准,如可学习性和高效率外,还应追求美感、愉悦性和情感满足等更高层次的品质。因此,用户体验是设计和创新过程中不可或缺的考量因素。

在当今体验设计高度成熟的环境下,可用性已成为产品的基本要求,而非最终目标。交互设计的终极目标在于提供卓越的用户体验。为实现这一目标,无论采用何种设计流程或方法,设计师都必须持续关注并优化以下三个核心方面,以确保用户在使用产品过程中获得极致体验。

(一)目标用户的状态剖析

目标用户的状态,涵盖其生理与心理层面,这些状态可能是短暂的,也可能是长期的。深入剖析这些状态对于理解用户需求至关重要,因为它们共同构成了用户的独特特征。通过针对性的用户研究,交互设计师能够洞察目标用户群体的产品需求,这些需求源于他们的生理和心理状态。例如,儿童和成年人在产品界面设计上的偏好截然不同,这主要归因于他们之间长期状态的差异。因此,在设计过程中必须充分考虑这些因素,以确保产品能够精准满足目标用户的需求。

(二)交互产品性能对用户体验的影响

交互产品的性能直接关乎用户体验。除了可用性这一核心标准外,还包括诸如点击手势的便捷性、交互动画的流畅性和吸引力,以及产品导航逻辑的清晰性等评判准则。这些性能特征对于塑造优质的用户体验具有举足轻重的作用。在交互设计中,我们必须高度关注产品性能对用户体验的直接影响,力求通过优化性能来提升用户的整体满意度。

(三)环境因素的综合考量

环境因素,包括用户所处的物理环境、社会环境、文化背景和组织环境等,对用户体验产生深远影响。特别是文化背景,它深刻塑造着人的思维方式和认知习惯,进而影响生活习惯和信息处理方式。例如,受东方文化熏陶的用户更倾向于从整体角度看待事物,注重事物间的相互联系,而受西方文化影响的用户则更注重个体主义和理论思辨。这些差异在设计产品界面时必须得到充分考虑,以确保信息能够顺利传达给用户。

因此,目标用户的状态、交互产品的性能以及环境因素共同构成了影响用户体验的三大关键因素。在不同的项目背景下,这些因素的作用效果可能有所不同,但它们对于实现目标用户体验的重要性是等同的。在设计过程中,密切关注这些因素将有助于创造更优质的用户体验。同时,交互设计可以借鉴《用户体验要素:以用户为中心的产品设计》中的五层级设计评价方法,以及彼得·莫维尔提出的用户体验蜂窝模型中的七个评价标准元素(有用性、可用性、满意度、价值性、可寻性、可获得性、可靠性),来全面评估产品和系统是否满足用户体验目标。

第六节 交互原型构建与测试评估

一、原型及其构建概述

(一)什么是原型

相对于传统工业设计关注于产品的功能和形态而言,在交互产品设计实践中,设计师更加关注影响用户行为与习惯的各种因素,如何使用户在交互过程中获得良好的体验。为此,设计团队往往需要根据创意概念构建出一系列的装置,以不断验证想法,评估其价值,并为进一步设计深入提供基础与灵感。在交互设计中,一般把这类帮助我们与未来产品进行交互,从而获得第一手体验,并发掘新思路的装置,称为“原型”,这个构建与完善的过程,称为“原型构建”。事实上,原型的范围相当广泛,任何东西都可以被认为是原型。从纸面上的图表到复杂的电子装置,从简陋的纸板模型到精密加工而成的金属装置。总之,原型是任何一种帮助我们尝试未知,不断推进以达到目标的事物。

(二)原型与模型的区别

在传统工业设计中,我们常常提到“模型”概念,它与交互产品设计中的“原型”有着密切的血缘关系,但是在这里,我们还是有必要区辨一下这两个词:

第一,在交互设计,原型被认为是一个多方面研究创意概念的工具,而在工业设计的模型则被认为是为了测试与评估的第一个产品版本;原型是创意概念的具体化,但并不是任何一件产品,而模型则与最终产品非常接近。

第二,原型聚焦于创意概念的各方面评估,是各种想法与研究结果的整合,而模型涉及了整个产品,特别是有关与实际生产、制造及装配衔接的方案。

第三,构建原型往往是为了“推销”设计团队的想法与创意。而制作模型则更侧重于实际生产与制造;原型要求快速构建,且是相对廉价的装置,它容许为解决关键问题而不用拘泥于细节的推敲,而模型的制作颇费周章,要求面面俱到,重视细节的品质因而需要消耗大量的时间与金钱。

可以看出,构建交互设计中的原型,更自由,更随意,设计师们不需要因为小心翼翼地构建一个原型,而阻碍自己灵感的迸发。在世界闻名的IDEO设计公司,设计团队对于原型构建有着极宽容的态度,即便知道结果不是预想的,但他们还是会完成原型，因为这样便能更快修改，并发现不合理的地方。“说不定还会有些额外的新发现。”IEDO 的设计师如是说。

二、原型构建的方法论

（一）原型构建是器具进化的加速器

在社会分工没有发展到需要将设计作为一项独立的职业之前，器具的进化是随着技术的缓慢发展通过手工业者在漫长岁月里不断复制中逐渐发现其改进的可能性的。而随着第二次和第三次技术革命的演进，人类的创造力随着技术的飞跃发展和社会化大分工的日趋细化而得到空前地释放。走进今天的超级市场，连一个小小的调羹都有十几种形态各异、各具用途的品种，我们日常所需的生活用品已逾两万种之多。

技术进步的确能使我们快速地完成制造，从而增加创造的产出，但另一方面，由于创造得太容易，我们往往会匆忙地确定解决方案。这样随着数量增多的同时，器具本身的进化却是缓慢、粗放并且无序的。特别在消费类电子产品行业中，一方面，技术被不断加快产业化，以至于科技产品公司不得不时刻忙于更新产品线以对抗自己产品永远面临的迅速廉价化宿命；另一方面消费者却永远在为不完善的产品买单，等到在这些产品上吃足苦头才能在新产品中见到希望并如次往复。

而原型构建却能在很大程度上有助于摆脱这种怪圈。原型构建的过程，本质就是以方法论手段，有目的地快速进化产品，以代替自然过程中无目的地缓慢进化。在设计过程和设计决策的早期开始，就不断制作各种原型，寻找一切可能的问题与机会。使产品顺利按照预定的方向（往往是以用户为中心的方向）快速迭代进化，在最终产品问世前利用有限的时间与金钱提交最完满的解决方案。

所以原型构建活动是器具进化的加速器，特别是在设计交互产品、交互系统及交互空间的过程中，以原型构建为核心的跨学科设计团队的开发活动往往能起到事半功倍的成效。

（二）运用逻辑、隐喻与潜知识的方法

设计与科学技术很重要的区别在于，想要成为科学技术上的专家需要在不断缩小的范围内取得越来越精深的研究成果，而好的设计则源于成功的综合方案。这种综合并不依赖于逻辑来驱动、组织。近代西方科学研究方法，从工程

机械到电子学,基本上都是按照笛卡尔的方法论进行的,其将事物不断拆分,并运用逻辑在将其演绎归纳的过程中获得知识的方法对于近代科学的进步有着巨大的推动作用。但是当我们期待强调因果与推理的逻辑在设计学科也能发挥奇妙效果的时候,事情就不那么简单了。

设计的对象是物,而设计的目的却是为了人。人类经历了千万年的进化之后,成了地球上最高级的生命体,人类思想情感并不按照线性发展,人拥有的复杂的情感、丰富的想象力往往是互相混杂一体,思维的方向不是用逻辑能推导的,它们更像弹子机里的碰碰球,有着很强的随机性。这就是为什么逻辑这个在自然科学研究中非常有用的工具,运用到人类行为及与人类的社会活动上时却失败了。因为那些鲜活的东西并不是依靠逻辑来构成、组织在一起的。

在交互设计中,将"隐喻"(Metaphor)作为鲜活事物底层的东西,以使它们之间在内在关系上相互联系已经逐渐得到大多数交互设计研究者的认同。"隐喻"最早出现在修辞学中,常用来比较两个好像无关的事物,并制造一个修辞的转义。通常,第一个事物可以被描述成第二个事物。以这种方法,第一个事物很容易通过对第二个事物的描述而被理解。隐喻不仅是帮助人们理解交互的最有效手段之一,并且在交互原型构建中,隐喻让各种设计要素以我们能理解并能帮助想象的方式沟通。在图形用户界面设计中,最常用到的纸原型就是利用隐喻的很好范例。图形用户界面的所有元素与其内在的组织关系是网状结构,并通过撰写代码将其运行于计算机内部并呈现于显示器上。为了更好地在设计过程中理解图形用户界面的运作,及时进行用户测试并更新设计,设计者们往往会采取用方便签、纸板等制作各个界面的原型,通过人工转换与移动的方式模拟图形用户界面的运行,而不是过早地进入撰写代码的阶段。这种用纸质界面模拟真是界面的方法,已经被证明是最有效的设计与改进图形用户界面的途径,并且被广泛采用。

隐性知识(Tacit Knowledge)这一概念由英国哲学家迈克尔·波兰尼(Michael Polanyi)提出,他深入剖析了人类知识的双重性。波兰尼指出,人们常规理解的知识,如书面文字、图表和数学公式所能表述的,仅为知识的一种形态。而另一种更为隐晦的知识形态,则蕴含在我们日常行动之中,难以用明确的语言或符号来表述,他将其定义为"潜知识"。

在设计学的语境下,潜知识展现出几个显著特征:其一,潜知识具有非逻辑性，它无法通过语言、文字、图表或符号进行精确传达，因此不遵循传统的逻辑关系；其二，潜知识具有个体性，它主要存在于个人的思维与经验之中，难以被外界直接观察和解读，其传递往往依赖于传统的“师徒制”模式，通过言传身教实现；其三，潜知识与特定情境高度相关，它是对具体任务和环境的整体感知与把握，体现了设计师对复杂关系的深刻理解和灵活应用。

在设计实践中，潜知识的价值不容忽视。它赋予了设计师跳跃性的思维，使其能够摆脱固有框架的束缚，以更自由、更创新的视角去解决问题。潜知识的运用并非旨在解释现象的本质，而是侧重于寻求实际问题的解决之道。在原型构建的过程中，潜知识发挥着至关重要的作用。它帮助设计师将产品的各个元素与特定的使用环境、用户群体相融合，从而在整合与创新的过程中探索出多样化的解决方案。这种能力对于设计师而言至关重要，也是设计学研究领域持续关注的焦点之一。

（三）“做中学”的方法

原型构建深刻体现了“做中学”的方法论。这种方法论倡导一种开放、探索的工作心态，认识到知识的局限性和设计的动态性。在原型构建过程中，交互设计师无法预知所有设计细节，但通过制作、观察和测试原型，能够不断发现改进的空间，深化设计理解。“做中学”不仅是一种实践检验自身知识系统的方式，更是一种从实践中获取新知识、提升设计能力的有效途径。交互设计师们普遍认为，原型构建是一个动态、互动的学习过程，其中做与学相互促进，不断推动设计的优化。陶行知先生的教育理念在此得到完美体现：“行是知之始，知是行之成。”在当今科技研发的龙头之一，美国麻省理工学院也有一批强调“做中学”的研究人员，其代表 Mitchel Resnick 教授就认为设计是关于创意的游戏，是对新想法的验证和实践。将想法通过制造具体的东西来实现，是一个反复循环的过程，一个新想法可能会产生很多种设计并且使设计体验更加丰富而深入。而风靡欧美地区的 LEGO mindstorms 创意套件就是由 Resnick 教授主持的研究小组与 LEGO 集团以“做中学”为指导核心的研究合作产物。这就是为什么在交互设计中，设计师更愿意强调原型构建而不是设计一词。设计，其含义在于构想、计划。从字面上看设计更侧重于思考而不是实践，而原型构建，则强调创造容易呈现的模型来表达酝酿中的创意，其实验研究的意味更强烈，很好的暗示了整个设计过程的不确定性与探索性，“构建”原型，更侧重于动手制作与实践，恰到好处地解释了整个设计的迭代过程。

在原型构建中以“做中学”为指导还有利于正确看待构建过程中的失误。也许 APPLE 公司设计团队的例子是最好的案例。这个创造了 iMac，iPod 等一系列经典产品的团队，在首席设计师 JonathanIve 的领导下，将大多数经费都用于各种艺术品质原型的制造中去，他们的设计流程很简单，就是重复不断制造原型，将各种设计概念视觉化、实体化。用 Ive 本人的话说就是：“我认为我们团队的一个重要品质就是寻找错误的意识，这是一种追根问底的探索意识。犯错是令人兴奋的事，那意味着你将又有新的发现。我认为用‘做中学’的态度去面对设计挑战，将每一个错误与失败都看作是新创造的机会，是 APPLE 在工业设计中创造卓越的重要条件，也是提升交互设计原型构建品质的前提。”

（四）团队合作的方法

原型构建需要综合众多学科的团队合作，这是由交互设计的跨学科性决定的。虽然设计教育本身就要求设计师了解多种自然与社会学科的知识，但是了解与专业是有着本质区别的。要将原型构建推向一个专业的深度，必须与该领域的专家一起合作。设计教育的跨学科性在于提供与这些专业工作人员合作的知识基础与交流语境，而不是取代其他领域的专家。例如，在构建交互产品过程中，影响用户操作与使用的认知心理学在最近若干年里不断受到交互设计师们的重视，很多交互设计师们都在研读这方面的文献著作。但是，对于设计师而言，其需要的是将认知心理学中一些关注点与研究方法借鉴到日常的设计共奏中去；对于在设计中遇到的实实在在的人类认知问题，最好的方法是与认知心理学专家共同讨论，邀请他们一同构建交互原型，借此将他们的专业意见融入交互设计中去，而不是凭借自己假象的经验越俎代庖。

三、原型的分类问题与误区

虽然目前为止，中外关于交互设计中如何构建原型的专著还颇为鲜见。但是，综合现有文献和自己的设计实践。现阶段的交互设计讨论原型的方法主要是基于原型本身的特质出发的，主要可以分为：第一类，原型的构建方式：第二类，原型的保真度。以下试做进一步辨析。

（一）原型的构建方式

在交互设计师讨论原型时，他们常常会先提及构建该原型所使用的工具或材料，如纸质原型、实体材料搭建、Lingo 或 Java 编程语言等。然而，存在一种普遍的误解，即认为使用更高级的工具或材料构建原型能够彰显设计师的专业水平，并预示着设计已进入更深入的阶段，同时能够展现出更佳的效果。

这种观念实际上陷入了原型构建的误区。将原型构建工具或材料的高级程度简单地与设计流程的深入程度划等号，很可能会阻碍设计创新。显而易见，投入时间越多的作品，设计师往往越不愿意对其进行修改。因此，如果可以使用 PowerPoint 或者 Keynote 在几分钟内制做一个小型演示（DEMO），那么为何还要大费周章地创建一个 Axure 或 Figma 项目呢？

在作者以往接触过的一些交互原型构建实践中，较多原型的计算机控制程序都是基于 LabVIEW 的图形化编程。与逐行编写代码相比，这种可视化的编程语言显著提高了工作效率。此外，在交互设计流程中，构建的各种原型不应呈现为线性的、具有明确前后关系的结构，而应是非线性的、多点同步推进的。

事实上，选择何种媒介或工具来构建原型并非核心问题，关键在于设计师如何巧妙地利用这些工具来全面探索和论证未来产品的各个方面。因此，交互设计专业的同学在入门时应该摒弃对高级工具的盲目追求，转而关注如何利用现有工具实现设计创新的最大化。

（二）原型的保真度

大多数关于交互设计的专著中将原型分为两类即：低保真（Low-Fidelity）原型与高保真（High-Fidelity）原型。同样很多时候，我们也容易将低保真原型等同于初级设计阶段，而将高保真原型等同于接近完成的设计。

这可能是原型构建的第二大误区。设计师需要很好地利用各种工具来构建不同种类的原型。有些时候，高保真原型的确意味着接近设计完成，但是需要指出的是，这不是所有项目中的情况。很多时候保真度很高的计算机 3D 虚拟原型在设计流程的早期就被构建出来，而关于内部机构的低保真原型构建却会在稍后才能跟进。要被着重认清的是，原型的保真程度并不相当于设计的实质，那只是整个设计流程中的一些特殊阶段而已。

四、交互测评系统与用户之间的交互体验

在现代科技高度发展的时代背景下，人机交互技术得到了广泛应用。人机交互测试评估系统作为一种关键工具，于评估用户与系统的交互体验。探讨人机交互测试评估系统与用户之间的交互体验，并分析其在不同领域和场景中的应用。

(一)人机交互测试评估系统的定义和作用

人机交互测试评估系统是通过对用户与计算机软硬件进行交互行为的观察、记录和分析,来评判用户与系统之间的交互体验的系统。它的主要作用包括:

1. 评估系统的易用性

通过测试用户与系统的交互过程,可以评估系统的易用性,帮助设计师改进系统的界面和功能,提高用户的满意度。

2. 发现用户需求

通过分析用户与系统的交互行为,可以发现用户的真实需求,有针对性地改进系统功能,满足用户的期望。

3. 统计和分析数据

人机交互测试评估系统可以记录用户的操作过程和反馈数据,将这些数据进行统计和分析,从而得出系统的性能指标和用户体验评价。

(二)人机交互测试评估系统的测试方法

人机交互测试评估系统的测试方法可以根据不同的场景和需求选择,常见的测试方法包括以下几种:

1. 用户体验调查

通过问卷调查、访谈等方式,收集用户对系统的使用体验和意见反馈,从而评估系统的用户满意度和改进空间。

2. 观察法

观察用户与系统的交互行为,记录其操作过程和行为反应,通过观察数据来评估用户体验的好坏。

3. 专家评估

专业的人机交互设计师或评估专家对系统进行评估,以提供专业的建议和改进方向。

4. 实验室测试

在实验室环境中,通过模拟真实场景和任务,对用户与系统的交互过程进行观察和记录,以便进行定量和定性分析。

(三)人机交互测试评估系统在不同领域的应用

1. 软件开发领域

人机交互测试评估系统在软件开发过程中起到至关重要的作用。通过测试用户与软件的交互，研发人员可以及时发现和修复软件中的交互问题，提升软件的用户体验。

2. 用户界面设计领域

人机交互测试评估系统可以帮助设计师评估和改进用户界面的友好性和易用性，从而为用户提供更好的交互体验。

3. 教育领域

人机交互测试评估系统可以应用于教育领域，通过测试学生与电子学习系统的交互过程，提供针对性的教学优化建议，提升学习效果。

4. 游戏开发领域

人机交互测试评估系统可以帮助游戏设计师评估游戏的操作界面和用户体验，提升游戏的可玩性和娱乐性。

(四)人机交互测试评估系统的未来发展趋势

人机交互测试评估系统在不断发展和演进，呈现出以下几个发展趋势：

1. 自动化测试

随着人工智能和机器学习的发展，人机交互测试评估系统将更加自动化，通过机器学习算法分析用户数据，提供更准确、高效的评估结果。

2. 多样化测试手段

人机交互测试评估系统将结合更多的测试手段，如眼动追踪技术、脑电图测量等，以全方位地评估用户与系统的交互体验。

3. 跨平台测试

人机交互测试评估系统将适应多平台、多设备的测试需求，包括移动设备、虚拟现实设备等，以提供更广泛的应用场景适配。

4. 大数据分析

人机交互测试评估系统将通过大数据分析，挖掘用户行为模式和偏好，为用户个性化交互体验提供依据。

人机交互测试评估系统在现代科技应用中具有重要意义。通过评估用户与系统的交互体验，可以提升系统的易用性和用户满意度，为不同领域的应用带来便利和进步。随着技术的不断发展，人机交互测试评估系统将在未来展现更多创新和发展的可能性。

第四章 不同类型交互系统的设计

第一节 Web 交互系统设计

Web 交互系统指网站,可以应用在 PC 终端和移动终端上,其特点为可视范围大、可承载模块多、可展示信息量大。Web 交互系统设计同样是按照需求、概念、信息架构、整体布局、任务操作流程和线框图来进行的。在功能模块的设计和内容选择上,要着重考虑用户的操作习惯和目的。Web 交互系统有首页和二级、三级等页面,首页可细分为头部、导航、横幅、功能模块和底部等。导航有横向导航(顶部导航)、纵向导航(侧边导航)及横向+纵向导航(两者综合的导航)。横幅形式多样,常见的有轮播图、动态图等。功能模块根据网站的内容进行设计,常见的有图文、视频、目录链接等。下面以蓝莓冰箱公司网络销售平台为例,讲解 Web 交互系统的设计。

一、需求分析

需求分析要根据企业提出的需求,希望达到的效果和企业能够提供的资源来综合分析。需求明确和细化之后,才能作为设计方案的方向和依据。通过分析蓝莓冰箱公司的需求目标,确定此网站预计达到的最终效果,以便于做好前期规划。通过市场现状与发展趋势的调研,确定此网站具有的功能和服务。蓝莓冰箱公司是一家专业制造、销售小型冰箱的企业,产品面向国内外市场。公司采用了网上购物这一销售模式,建设产品数字化销售平台,通过互联网实现小冰箱的销售和品牌推广。

(一)目标定位

企业通过建立电商平台网站来进行品牌推广、增强销售和优化企业管理。通过产品数字化平台建设,能够展示企业品牌形象和提升品牌影响力,并带来一定的销量。由于互联网特性,使信息的传播不再是主观传达给用户,而是由用户有选择地主动吸收,产品信息通过网站传播推广,提高了产品的销售力;产品数字化平台的建设将会为企业内部管理带来一种全新的模式,可降低企业内部资源损耗、降低成本,还可加强企业与员工、员工与员工之间的联系和沟通等,使企业的运营和运作达到优化。因此,网站定位为发展小冰箱线上销售模式,传播企业诚信为本的理念,建设和传播“蓝莓”品牌,实现小冰箱专业化网络销售。网站力求完美展现产品,简化操作流程,实现在线快速交易。

(二)行业趋势分析

通过对电子商务行业和主流销售模式的需求分析,明确需求目标。我国在计算机拥有量、互联网用户数、网站数等方面的飞速增长,推动了电子商务的发展,电子商务的交易模式也呈现出多样化。如表 4-1 所示为我国的 B2B、B2C 和 C2C 电子商务模式。

表 4-1　我国的 B2B、B2C 和 C2C 电子商务模式

模式	主要业务	代表网站
B2B	主要是进行企业间的产品批发业务,也称批发电子商务	阿里巴巴和万国商业网
B2C	电子商务中的零售业,顾客直接与商家接触	京东、当当和卓越
C2C	用户对用户的商业模式,通过为买卖双方提供一个在线交易平台,使卖方可以主动提供商品上网拍卖,而买方可以自行选择商品进行竞价	淘宝和易趣

蓝莓电器网站属于 B2C 模式,即企业通过互联网为用户提供网络购物平台,用户通过网络在网上选择物品和完成交易。B2C 商业模式在我国已经基本成熟,这种模式节省了客户和企业的时间,大大提高了交易效率。常见的电子商务平台业务功能有管理功能、商品查询功能、商品展示和购买功能、选择配送方式、确认支付功能及订单跟踪功能等。B2C 类电子商务网站在向纵深化、个性化、专业化、融合化、服务化的趋势发展。

二、用户研究

用户研究的主要目的是把海量用户抽象成更具体的用户形象，将共同特征提炼出来进行分析研究。基于蓝莓冰箱公司的主导产品，确定目标用户群，归纳用户的特征、使用环境、使用产品的任务等。再挑选典型用户做用户画像分析，并进一步从行为习惯上了解用户，最后从用户角度出发构建高满意度网站设计。

蓝莓电器公司的主导产品为小型冰箱，面向国内外销售市场，因此目标用户群可定位为有一定消费能力的、习惯于网购的、有意愿购买冰箱的用户。用户年龄在20—55岁之间，有一定的收入来源，消费水平参差不齐。用户网购时习惯货比三家，大多数用户习惯在线付款，少数用户愿意货到付款等。

（一）建立用户档案

根据用户角色来建立用户档案，有助于以用户为中心来进行分析。因用户群较广，在此选取几个典型用户做用户画像分析。

刘小蓝，男，25岁，独自租房住，正考虑购买一款单人冰箱。他是技术员，网游爱好者，熟练使用各种电子设备，习惯于网上购物。他喜欢购买专业的设备，反感华而不实。分析此类用户，蓝莓官网要表现出比淘宝网更能吸引该用户的特点，如要凸显品牌标识和专业性，产品性能展示要更为透彻，运送快捷，方便维修，品质有保证等。

何力，男，45岁，与妻女同住，家中已有冰箱，考虑买一款小型冰箱放在卧室。该用户比较重视产品的价格，喜欢货比三家，重视售后服务，选择网购是因为比实体店优惠。分析此类用户，蓝莓平台要表现出产品的物美价廉，在产品呈现上要尽可能详细，多配图，可增设推荐功能，让用户可以多挑多选，支付流程要尽可能流畅。

王梅梅，女，30岁，已婚，习惯于每日买新鲜食材，考虑买一款容量适中的冰箱。她喜欢外观好看优雅的产品，有咨询客服的习惯，喜欢货比三家，有和家人一起挑选物品的习惯。分析此类用户，可展示多颜色、多款式的产品供其挑选，可设置人工客服，以便随时解答疑问，增加“加入购物车”的文案提醒，方便用户多方考察后做决定。

（二）用户行为习惯分析

分析用户的行为习惯，总结规律，有助于设计方案被大多数人所接受，规避用户疑惑和易错的设计细节。用户浏览网站的一般规律为，在网站页面中，图像比文字表达更具吸引力；用户眼球的第一运动聚焦于网页的左上角，用户浏览网页时，首先观察网页的左上部和上层部分，再从上到下、从左到右呈现出"F"形状的视觉流程；根据视觉锁定，一栏格式比多栏格式拥有更好的表现力；简短的段落相对于长段落来说有更好的表现力；用户通常只浏览网页的小部分内容。

通常一个页面在 3 秒内显示完成，如果超过 20 秒甚至 30 秒网站页面还没被打开，用户往往就会离开。用户进入网站 3 秒就会对网站有印象，因此首页设计非常关键。调查发现，影响用户的购买决策有以下几个方面：产品介绍占 38%，网站导航设计占 37%，结算过程占 32%。用户没有完成交易的主要原因有：不愿意在该网站注册占 29%，很难找到想要的商品占 22%，网站看起来不可信或感觉不安全占 17%。

（三）概念设计

概念设计用于设计方案的构思和策划。需求分析仅仅是一个方向，而概念设计充分展示了产品的最终样貌和作用效果，常用的方式有头脑风暴、思维导图、故事板等。用草图的方式构建出使用场景，归纳用户会做出的行为以对网站的成果有合理的预期。

此网站服务的对象有用户和企业。用户需要有产品信息、销售流程的购物平台。企业需要一个电商门户网站来做展示，同时需要一个管理后台，用于展示产品信息、记录销售订单、提供售后服务等。平台应具有信息流、物流、资金流、商务流，因此从"四流"方面列表说明电商平台主要功能，如表 4-2 所示。

表 4-2　从"四流"方面列表说明电商平台主要功能

信息流功能	商物流（交易）功能	资金流功能	物流功能
企业形象展示功能	在线购物功能（购物车）	模拟银行功能	进销存管理功能
商品信息发布功能	在线订货功能（下订单）	会员账户功能	配送管理功能
商品信息查询功能	在线导购功能	资金转账功能	—
数据中心功能	—	邮局汇款功能	—
会员注册功能	—	信用卡分期付款功能	—
在线评论功能	—	—	—
在线调研功能	—	—	—

经过讨论和构思，除了购物流程的设计外，网站页面要具有响应性和兼容性，页面设计要风格统一，品牌和导航设计要清晰。用户可以在个人中心进行查看和操作，所有操作均有记录，如商品清单、订单管理、收藏等。用户能清楚地知道自己所处的位置和目标，产品信息在首页清晰展现，操作流程流畅，企业通过后台可以统计和查看所有记录。

(四)信息架构设计

信息架构用于规划网站的功能框架，通过信息架构能清晰直观地展现网站功能和信息。从用户的角度梳理信息流程图，厘清功能操作步骤，保障产品信息和交互流程畅通无阻。

1. 网站架构设计

网站信息架构包括首页、直通车、商品展示、购物管理、在线管理、信息展示、服务指南及其他功能栏目，每个栏目下都设有相应的子栏目，并设有用户登录和注册接口，如图 4-1 所示为网站信息架构图。

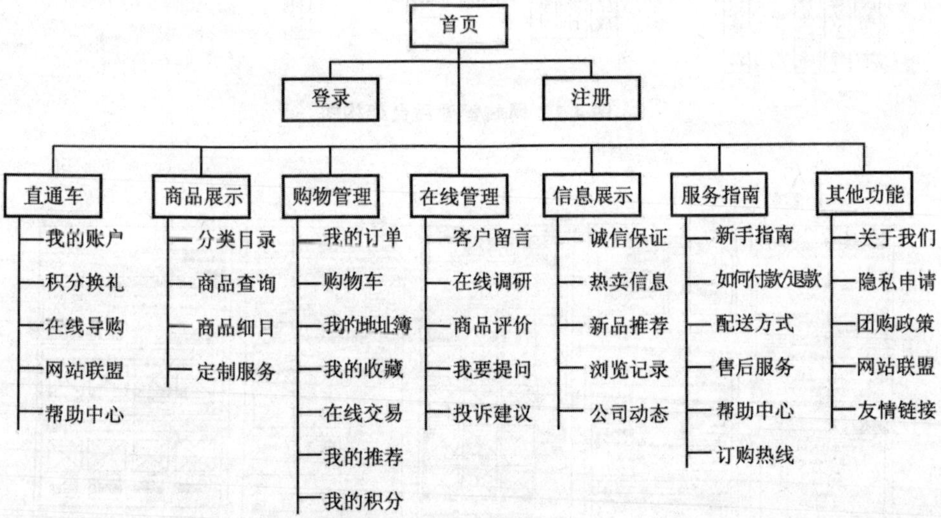

图 4-1　网站信息架构图

2. 网站管理后台架构设计

网站管理后台架构包括商品信息管理、订单管理、库存管理、数据统计、会员管理、系统管理、企业信息管理、电子银行管理、留言管理和售后管理等功能模块，每个功能模块下设有相应的子功能，如图 4-2 所示为网站管理后台架构图,如图 4-3 所示为草图构思。原型图是厘清交互逻辑的重要表达形式。按照与最终效果的接近程度可分为低保真原型和高保真原型。低保真原型通常使用 Axure 软件绘制,可以验证页面布局是否合理,按钮的位置是否顺手,还可以给对互联网产品比较熟悉但没有用过该产品的人进行可用性测试。高保真原型在低保真原型的基础上增加了视觉设计,即填充了完整的色彩、图片、文字内容,也被称为视觉稿。高保真原型可以具有点击、跳转等交互形式,是产品最终将呈现出来的形态,可以用于针对目标人群的可用性测试,也可以用于验证产品的功能是否满足了目标用户的需求。如图 4-4 所示为网站系统首页、产品详情、我的账户和登录页面的低保真原型。

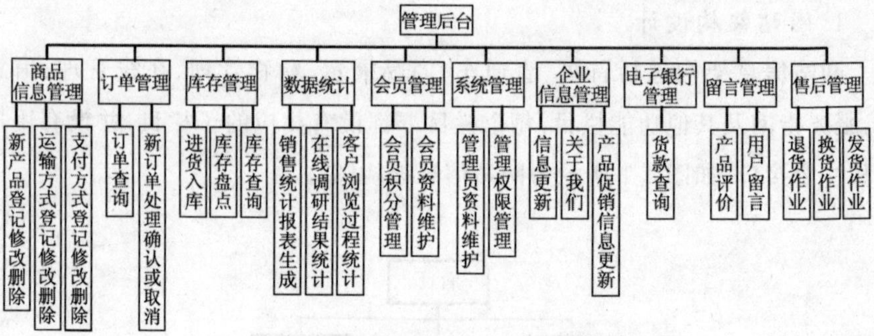

图 4-2　网站管理后台架构图

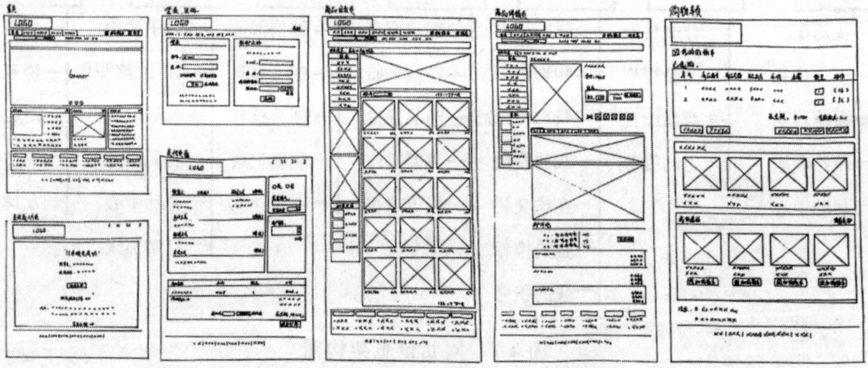

图 4-3　草图构思

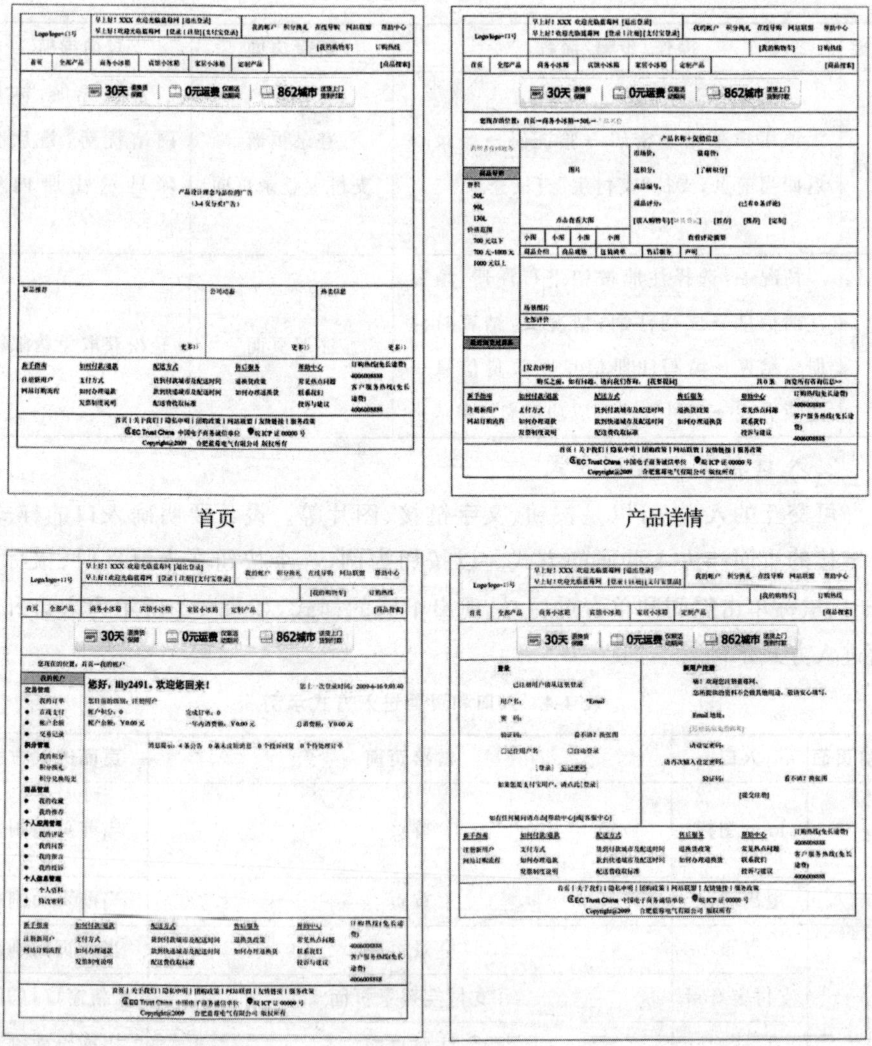

首页　　产品详情

我的账户　　登录页面

图 4-4　低保真原型

(五)交互方式设计

1. 跳转流程

页面的跳转流程需要从场景入手来多角度考虑。如注册流程，用户在登录时注册，或在结算时注册，页面跳转的顺序不同。全面考虑了各种情况后，才能保证交互顺畅，如表 4-3 所示为登录和注册跳转。

表 4-3　登录和注册跳转

功能	操作/步骤/流程	链接页面	页面导航
登录	填用户邮箱→密码→验证码→登录→返回当前页,支持“支付宝”直接登录	登录页面 支付宝登录页面	常规导航,体现网站优势,售后保障显示注册内容信息
注册	情况一:选择注册按钮进行注册,填写注册信息→成功注册;情况二:结算时注册。结算→填写注册信息→收货信息→送货方式→支付方式→成功提交订单	注册页面	轻松获取免费邮箱

2.入口和页面进入方式

可交互的入口,可以是按钮、文字链接、图片等。设计要明确入口的样式、要链接的页面和进入页面的方式。以按钮为例,一个按钮在未触发时、鼠标悬停时、鼠标单击瞬间和单击过后,呈现出不同的样式,如表 4-4 所示为入口和页面进入方式示例。

表 4-4　入口和页面进入方式示例

当前页面	入口	链接页面	页面进入方式
首页	logo 图标	首页	当前页面刷新
	退出登录	首页	当前页面刷新
	登录	登录页面	当前页面刷新
	支付宝登录	支付宝登录页面	新窗口打开
	注册	注册页面	当前页面刷新
		购物车中有商品,购物车页面	新窗口打开
	我的购物车	购物车中没有商品,弹出提示信息,返回当前页面	当前页面刷新
	我的账户	我的账户页面	新窗口打开
	积分换礼	我的账户→积分管理页面	新窗口打开
	在线导购	弹出在线导购窗口(默认为自助答疑窗口)	新窗口打开

（六）视觉设计

基于企业精神、产品特性与网络电商平台定位，接下来还要进行网站 1090 和视觉设计。网站统一视觉识别设计，包括网站徽标（logo）设计、安全空间设计、网站标准色设计、网站辅助色设计及网站辅助图形设计等。

在页面视觉设计时应保持风格一致，页面视觉设计风格与企业整体形象一致，应符合企业形象识别规范。网页色彩、图片的应用及版式设计应保持网页的整体一致性，图片和图标应重点突出，层次分明。

（七）程序实现

在完成页面设计效果图后，要进行页面的切图以及生成 HTML 页面，网站代码编写需要编程技术人员的参与实现。前端页面和后台程序需要整合为一体，并保证前端显示和后端功能运行流畅。设计人员和编程人员需要协作，确保页面的弹窗、单击等交互逻辑没有遗漏，确保最终的视觉样式与效果图一致。

（八）测试上线

网站发布前要进行细致周密的测试，以保证正常浏览和使用。主要测试的内容有文字、图片是否正确显示；链接是否正确；所有功能键测试；程序及数据库测试；前后台操作流程测试等。网站发布与推广阶段，可在一些公众平台如微信、微博公众号上做宣传，还可以通过搜索引擎或门户网站等平台发布推广。

第二节　移动产品交互设计

移动端交互系统设计，主要指智能手机端的 App 设计。在移动端交互系统设计的过程中，需要充分考虑移动端的特性，如便捷性、交互方式多样性、网络复杂性、使用场景的不固定性等。基于这些特性，本节将进行概念体重计 App 产品设计：

一、需求分析

“爱美之心人皆有之”，拥有完美的身材是很多女性用户的心理诉求。所以，产品的首要目的是帮助用户高效地减肥并控制体重。在设计的过程中，首先针对目标用户进行需求分析。通过调查问卷和竞品分析的方式获得需求来源。调查问卷中包含了体重计使用情况、减肥需求、减肥方法、软件使用等核心问题。问卷被随机分发给 200 位女性大学生，再针对回收的有效问卷进行分析，调查结果显示，近 80%的调查对象曾经使用过体重计，使用频率参差不齐，每天称体重的占 25%左右；一半以上的调查对象有过减肥动机；55%表示正在减肥中，并且她们更倾向于运动减肥，其中缺乏毅力是女生减肥所面临的最大困难。“瘦瘦”“薄荷”“超级减肥王”“iOS 体重计”App 是调查对象使用较多的几款减肥软件，80%的调查对象希望随时知道自己的体重，饮食和运动是影响瘦身的两个关键因素。

针对市场上同类型的产品，做了竞品分析，分为体重计和减肥 App 应用两个方面。在体重秤(体重计)方面，主要分析了普通电子秤、智能电子秤、超能电子秤三个类别。在减肥 App 方面，主要分析了“瘦瘦”“薄荷”“超级减肥王”和“iOS 体重计”四款 App 应用。根据分析结果可以看出目前相关产品功能强大，主要有详细的体重记录，可以记录每一次使用的时间、数值，并且具有智能分辨不同用户的功能；可云端分享数据并根据情况提醒用户；有社交动态的分享与互动商店的推广和销售；有详细的饮食方案制订，专业的菜谱社区；提供专属的减肥方案，普及健康知识。但同时也具有学习成本高、操作复杂等缺点。

二、用户研究

明确需求之后，下一步需要具体定位目标用户并归纳用户特性，建立用户档案。基于概念体重计的特性和方案的整体决策，首先定义目标用户群为 18—35 岁的女性群体；其次针对 18—35 岁女性性格特征进行了分析，刻画出九种更为细致的性格类型，分析出“学”“宅”“逆”“爱”“玩”“新”“胆”“熟”“梦”九种性格类型的年轻女性，它们分别对应：学习能力强、喜欢宅在室内、普遍有逆反心理、热爱生活、吃喝玩乐样样通、喜欢新奇的事物、有胆量、爱冒险、思想成熟、拥有运动的意识。

将这些共性抽象综合成为一组对概念体重计产品用户的描述，塑造一个具有探索性、新奇感、激励性、分享型的年轻女性的人物画像，并将其生活方式作为研究的载体，以辅助产品的决策和设计。以在校女大学生这一群体为例，分析工作日与周末的生活状态。在工作日期间，通常 6 点起床，12 点于学校食堂午餐，剩余时间主要用来上课、自习、图书馆讨论学习，21 点后，拥有放松娱乐的个人时间。总体生活十分规律，对体重的影响较为稳定。在周末，通常 8 点起床，12 点于饭店、餐馆等场所解决午餐，剩余时间主要用来在宿舍娱乐休息、野外郊游、朋友聚会等，直至午夜休息。总体生活状态不是很规律，对体重的影响波动较大。

下面基于用户的生活状态对用户的使用场景进行分析。用户对产品的可能使用时间总结为：早晨光脚在体重计上称重，中午午饭过后脱下鞋子称重，晚上休息前、洗漱完毕后再次称重。对产品的使用场景也划分为三类：行走（可自动记录行走的步数、公里数及消耗的能量），跑步（跑步过程中的心率变化、能量消耗，根据运动结果给出合理的建议），饮食（早餐、午餐、晚餐、加餐、专属套餐，并给出食物的热量，建议均衡饮食，健康减肥）。由此可见，用户需要的可能是一个能在特定时间内记录体重的产品，它可以在任意时间、任意地点记录，能随时分享自定套餐，均衡饮食，并可以考虑采用可穿戴的形式来配合展现产品的多场景适应性。以用户目标为导向，通过用户角色可以更好地确定用户的目标。

三、概念设计

在调研报告和功能清单输出后，需要规划产品的概念设计，一方面承接前期对于功能的构思方案，另一方面为产品的功能设计、视觉设计奠定基础和方向。对于概念体重计的产品设计，首先构思其概念模型，该设计通过对“概念体重计”的功能设计，达到控制体重和减少体脂的目的，最终引导用户走向健康生活。对于用户来说，需要以一个概念化的流程来使其易于接受，做到产品的概念模型与用户的心理模型相互契合。用户通过产品功能，如体重记录、运动检测、社交分享、饮食规划等，将设计模型转化为用户模型来实现心理预期。根据用户心理模型，给下一步的设计提供大致方向。在概念模型基础上将概念模型与用户模型比对，如表4-5所示，可看出用户模型与概念模型较为一致，可以使用户理解App所设计的功能。

表4-5 概念模型与用户模型的对比

功能名称	概念模型	用户模型
体重仪表盘	实时记录动态更新、BMI健康指数体重曲线分析，更科学、更直观地反映身体状况	功能科学而直观的体重记录功能，可更深入地反映身体状况
平衡饮食	提供饮食指导、自定义套餐，可依据爱好选择饮食计划，积极健康减肥	个性化定制的饮食参考功能，并在迷茫的时候给予膳食指导

续表

功能名称	概念模型	用户模型
体重变化分析	自动横屏智能调节,可以任意缩放图表时间跨度,分析周、月、季、年的体重变化趋势	详细的数据分析功能,拥有多样化的交互形式
社交分享	拥有完整的社交生态,用户可以拥有自己的昵称、头像、粉丝、团体,并可以邀请好友,创建社团,发表动态	社交功能丰富,互动形式多样,可以随时随地输出与接收信息,便于相互监督与学习

四、信息架构设计

明确概念设计之后,设计师需要搭建完整的信息架构来梳理概念体重计App的信息系统。信息架构设计通常需要解决两方面的问题,一是怎样使App的功能更易理解与浏览,二是如何确保扩展性,使其在未来能够承载更为复杂的信息与功能。对于产品设计而言,具有良好的易读性和扩展性的信息架构意味着可以给用户呈现合理且具有意义的信息。对于此款产品,在搭建信息架构时需要明确几点问题:用户浏览此App的过程,如何帮助用户进行信息分类?信息是如何呈现给用户的?信息有没有帮助用户并驱使用户做出决定?

针对上述问题,设计师依据用户需求,结合产品的功能列出信息架构图。信息架构图具有五个功能版块,分别为首页、饮食、运动、朋友圈和设置。在用户进入App的时候,默认显示首页,其包含当前体重、BMI值显示、体重变化曲线三大功能,体重变化曲线再细分为体重与脂肪率两个指标,该版块内容主要以图表的形式呈现。饮食版块包含了四个类型的自定义套餐:早餐、午餐、晚餐和加餐,并有补水提醒和水果推荐功能,主要以文字和图片的形式展现。运动版块包括了记步和运动计划两大功能,其中记步功能中又包括步数、距离、消耗热量和变化曲线四个功能。朋友圈版块包括定义用户、朋友圈动态和设置三大功能,定义用户可以划分为设置头像和昵称、邀请好友两个模块,设置可以分为首页、好友与粉丝、找朋友、消息、查找和创建团、我的团、设置背景图七个子界面。设置版块包括隐私密码、提醒设置、清除缓存、用户反馈、检查更新、关于、功能消息免打扰和账号绑定八个功能。

考虑到信息架构的延展性,在App冷启动状态下添加了四张欢迎界面,分别为健康记录、智能分析和时刻掌握自己;健康减肥应用,一路相随,为您加油;

找到自己感兴趣的圈子；拒绝不健康的减肥方式，开启健康减肥之旅。欢迎界面的设置可以方便用户快速地了解产品。同时，在某些功能上进行了细致的延伸，如邀请好友功能可以通过新浪微博、微信好友、QQ 好友三个途径去邀请；设置了便于游客登录的方式，免除因强制用户注册登录带来的用户流失。信息架构的搭建确定了产品的基本框架，下一步将围绕信息架构展开设计。

五、原型设计

草图构思和原型设计，目的是让设计概念视觉化。设计师在此步骤需要将概念设计里的功能模块、信息、人机交互的形式，利用线框描述和可视化，将产品视觉状态进行具象表达。在产品信息架构设计中，根据功能模块将系统分为一级界面（首页）、五个二级界面和若干个子界面，在原型设计中，需要根据产品功能和信息呈现的逻辑关系来绘制原型草图。采用纸原型的方式来绘制原型，比使用软件原型绘制更加注重对情境的探索和分享。

首先绘制一级界面（首页）和五个二级界面的纸原型。再绘制子界面、启动项及其他界面。界面设计完成后，设计师将所有界面集合起来，用箭头标注每个界面的跳转关系，并附加说明，展现 App 的数据逻辑与操作逻辑。为增强可视化效果，对原型进行了简单的上色区分，此时的颜色并不是后期界面完成后的颜色，只是用于区分功能模块与展现界面层级关系。纸原型绘制完成后，概念体重计 App 的交互样式已经基本确定。

六、交互方式设计

良好的交互方式的设计，可以极大地改善用户体验。概念体重计 App 的设计涉及用户与手机、用户与体重计及体重计与手机之间交互的方式，当设计师完成了基础的交互原型之后，还需要构思如何给一幅幅独立界面添加交互方式，使用户在与产品交流时能够产生良好的体验。需要考虑到用户所有的操作习惯，并根据用户习惯选择适合展现 App 内容的交互方式。本款 App 的设计主要采用了触摸交互的方式，尽量通过手势的操作完成，采用点击、长按、滑动、多点触控、旋转等常用交互方式。

在同级别的界面设计中，尽量使用左右滑动的方式来切换。在早餐推荐的界面里，内容主要以图片加说明文字的形式呈现。考虑到用户对该功能的依赖度，为了提供更多的选择，设置了四个推荐的子界面。如果选择竖屏滑动的形式，则用户浏览到后面的内容需要往下滑动很久，增加了时间成本，导致后面界面的内容无法受到关注。而采用横屏滑动切换的方式，用户从第一幅图查看到最后一幅图只需要三步向左滑动的操作，通过优化交互形式，节约了时间。App 中的其他界面也进行了相应的交互形式设计，在体重记录图表的界面里，为了展示更为清晰的图表信息，设置了横屏切换的方式，可将手机屏幕横屏翻转，其界面内容自适应地变换成横屏显示，并可通过触摸的方式缩放图表的时间跨度，分析不同时间单位里的体重变化趋势。

七、视觉设计

在产品整体框架和交互方式已清晰确定后，应对原型进行视觉设计。首先需要确定界面的尺寸，包括界面的长度、宽度、状态栏高度、导航栏高度、标签栏高度、工具栏高度，以及图标的高度与宽度。图标取名为“小印”，意指体重计的称量方式和记录体重变化印记，图标由体重计图像抽象而成，配上脚丫的卡通形象，主色调采用粉红色，整体为活泼可爱的设计风格，符合目标用户年轻女性的审美喜好。

App 欢迎界面设计由四张界面组成。前三张界面形式统一，由数个能表现设计主旨的图标和一段说明文字组成，最后一张放置四个意向图和醒目的“开始体验”按钮。主色调采用粉红色，文字颜色为醒目的白色。在首页界面的左上角放置了设置按钮，通过设置按钮可以切换至夜间模式、同步数据，且可以更改图标主题色。更改图标主题色界面里提供 9 款备选颜色，并标记出当前使用的主题颜色，满足了用户对颜色的个性化需求。首页中间为圆形的仪表盘，标注了时间、体重与 BMI 值，并附有体重分析的按钮；体重分析界面中，默认显示一周以内的体重和脂肪率的折线统计图，并有与上周体重、上周脂肪率的百分比对比和体重天数的记录，使数据达到最大的可视化，清晰直观，一目了然。

饮食界面顶部放置了自定义套餐的文字提示与搜索框，界面中分为分类模块与选择模块，根据饮食的种类可以分为早餐、午餐、晚餐和加餐四个样式。选择模块里面可以选择口味与附加条件。在选择模块的底部，有提示当前目标摄入卡路里的数值，早餐页面可随机更换也可自行选择，选择后，单击界面下方的添加和换一换按钮可以进行调整，并在底部显示本餐摄入的热量与目标热量对比。早餐界面推荐也可以左右滑动进行选择，选择好食物后进入食物界面，可看到介绍食材的烹饪方法，右上角有添加和返回按钮。

运动界面分为步数、距离、消耗热量和变化曲线四大块内容，其中步数、距离、消耗热量均以数字的形式表示，且数据为实时更新。下方的“消耗热量”详细记录了一段时间内消耗热量的变化和目标值，点击“查看其他运动”会有其他运动界面的选择，以列表的形式列出了十种健身运动，如走路、跑步、健身操和舞蹈等，“了解详情”中的列表处于可编辑的状态，支持增加和删除。

社交界面设计，导航栏为抽屉式，包括七个子界面，每一个子界面的风格设计相类似。例如，在好友动态界面，以图片为主文字为辅的方式进行朋友圈的互动交流，整个界面设计简约、清新，亲和力强。

八、程序实现

此款 App 开发包括前端界面设计和后台程序开发，前端界面设计和后台程序开发应根据概念体重计的功能架构和原型进行，界面设计师与程序开发工程师需要将前端界面与后台程序整合并调试。

九、测试上线

概念体重计 App 在开发完成直到上线之前需要经过反复测试，业务流程、交互跳转、文案、按钮、状态等都需要确认无误后才能发布。App 功能开发完成之后，测试人员会对整个 App 后台管理系统进行测试。这个环节需要很多人参与。开发人员会根据测试人员测试出来的问题进行调试修复，并采用相关软件进行漏洞(bug)追踪，如果出现漏洞，则需要返回相应的环节进行修改。经过多轮内部测试和用户体验测试，确认功能与需求无误后，将产品上线、发布和推广应用。

第三节 智能产品交互设计

智能产品交互系统设计，是基于智能技术制造的硬件产品及相应的软件程序的设计，涉及交互设计、视觉设计和工业设计三个方面。在智能产品交互系统设计的过程中，不仅需要充分考虑移动端的特性，还要考虑硬件的特性、尺寸、外形和功能等因素。同时，移动端 App 交互系统和硬件端交互系统如何合理配合、平稳衔接，也是设计的重点内容。下面以“儿童高度近视预防护理系统”为例，来讲解智能产品交互系统的开发过程。

一、需求分析

我国近视问题不容忽视，尤其在儿童及青少年当中，患病率极高。全国学生体质健康调研表明，我国小学生近视眼发病率为45.71%，中学生为74.36%，高中生为83.28%。儿童高度近视防治越来越为学生、家长及社会所关注，因此，产品的首要目的是帮助用户有效地预防近视并保护眼睛。在设计过程中，首先针对目标用户进行需求分析，设计师通过市场调研和竞品分析的方式获得需求。对Android手机用户App下载类别以及手机中是否安装健康类App进行调查。通过调查发现大多数用户手机中并没有安装健康类App，只有34.8%的用户安装了健康类App，将健康类App进一步细分，可以更好地了解用户需求.在用户安装的健康类App中包括运动瘦身（占7.2%）、饮食调理（占5.7%）、用药医疗（占10.7%）和女性健康（占9.1%）。

而在各个年龄段中，健康类App所占比例，其中25岁以下的用户，健康类App安装比例仅占5.6%，26—35岁的用户健康类App安装比例为8.7%，36—45岁的用户健康类App安装比例最高，比例为13.4%，45岁以上用户安装健康类App的比例为12.6%。

另外，针对市场上同类型产品做了相关的竞品分析，分别为护眼硬件产品和App软件产品。对于护眼App软件产品，主要分析了“眼蜜”和“爱眼百科”两款产品。

根据调查结果，目前相关产品已具有一定的功能，并有详细的眼部健康分析数据，可随时关注儿童的眼部健康趋势。硬件产品主要功能有：护眼方案，可以帮助儿童进行眼睛保健、眨眼训练等六项基本的眼部测试，帮助了解儿童视力情况；时间限制，限制儿童的每日上网时间，减少与辐射屏幕的接触，从源头上保护视力；私人定制，可根据儿童的个人情况定制详细的保健和控制方案；专家答复，可以在线与专家进行咨询和问答，方便儿童眼睛的防护与治疗。移动端App的功能主要有，能够测试出用户是近视、远视还是散光，并给予保护建议；通过一些内置的类似眼部按摩和趣味游戏教育和引导儿童养成良好的用眼习惯。

以调查问卷与竞品分析的结果作为参考，结合真实性、价值性、持续性和可行性的原则，筛选出设计的最终需求。视力状况的监测分析，包括现状的概况、历史趋势和实时建议；网上专家检测预约，可以进行专家咨询或眼科预约等，方便快捷；预防近视的益智游戏，可进行亲子游戏或者单人观看教育科普动画视频，增强趣味性，帮助儿童从自身角度认识到眼睛的重要性并了解保护措施；互动社区的建立，可以进行社区交流和同城互动，可以随时与别人交流状况。移动端也具有视力监测、眼部按摩和眼部游戏等功能。最后，设计师将确定的需求进行重要度排序，根据产品的战略定位、用户价值和技术实现三个方面综合考虑，其中视力状况的监测分析功能为核心需求，在硬件和软件 App 上均需要有体现，应首先完成；其次，网上专家检测预约作为期望需求，满足用户对这个产品主要功能的期待；最后，游戏与互动社区功能作为兴奋需求，成为该产品的特色，给用户带来新颖感。

二、用户研究

明确需求之后，需要进行用户研究，建立用户档案。根据“儿童高度近视预防护理系统”的定义，首先确定目标用户群为儿童及他们的家长。根据对目标群体的现状调研分析，其主要存在的问题有：近视年龄越来越低，幼儿园近视率不高，但弱视率在幼儿园有上升趋势；近视率随年级升高而上升；假性近视转向真性近视时间越来越短；假性近视阶段不被家长重视，因未能及时治疗，以致无法及时纠正假性近视。基于诸多问题，进行了问卷调查，分析调查问卷可得知，约 60%的被调查者在 12 岁之前已经近视，这说明他们小时候没有形成良好的用眼习惯；大部分近视是由于不良的用眼习惯造成的，其中引起近视的原因中，打游戏或看电视占 42.7%，看书太近占 23.8%；拥有的不良习惯中，经常揉眼睛，不爱吃蔬菜，不做眼睛保健操，躺着看书，在强光下看书，均有分布且比例相当。调研结果说明在儿童早期成长过程中的护眼教育是非常有必要的。

将这些共性抽象成一个高度近视儿童的描述，塑造一个 10 岁，拥有 400 度近视的人物画像，并将其用眼方式作为典型案例，以辅助产品的决策和设计。例如，小雷今年 10 岁，正在上小学三年级，是家中的独生子，平时和邻居、同学进行社交活动，近视度数 400 度，日常生活除了上学、做作业和运动，就只有打游戏。有很多不良用眼习惯，如看书写作业姿势不正确；喜欢在光线不足的情况下看书；睡觉太晚，不能够保证足够的睡日民；饮食上偏嗜甜食；写作业拖拉和磨蹭。家长也对其用眼健康关注度不够，没有给予足够的营养补充，在出现假性近视阶段不重视、不治疗，盲目配眼镜。

基于角色的生活状态对用户角色的情景进行分析，展示小雷一天的生活。小雷每天早上 6 点半起床，费力地寻找眼镜，然后开始一天忙碌的生活。上午 10 点钟，由于睡眠不足，导致上课打瞌睡，坐姿不端正，考试的分数也不理想，从而造成恶性循环，眼镜度数增加，学习成绩下降，又遭到同学们的嘲笑。由此可见,用户需要的是可以随时检测和分析儿童视力的功能,并根据情况选择保护措施或者就医咨询。另外,也需要硬件端的配合来实现对眼部的测量、防护和按摩。通过用户角色的塑造可以更加清晰地定位目标用户,归纳用户任务,带来更加准确和科学的决策。

三、概念设计

在调研报告和功能清单输出后,需要规划产品的概念设计。对于"儿童高度近视预防护理系统"的产品设计,需要构想其整个系统的概念模型,该设计通过对儿童眼睛保护仪器和 App 的功能设计,从而实现检测视力和保护视力的目的,最终引导儿童形成自我保护的习惯与意识。对于用户,包括儿童及其家长,为了做到产品的概念模型与用户的心理模型相互契合,需要以一个概念化的流程来解释说明。设计通过眼睛保护仪器和 App 的共同作用满足用户的预期,即最终的目的是实现健康的生活,在此过程中用户可以通过一系列的功能实现,如视力监测、专家咨询、社交分享和游戏教育等。根据模型,设计师可以给下一步的设计提供方向。

在概念模型的设计上,设计师采用了树状图展示方法,从个人与系统两个方面,展现宏观方面的概念模型。通过个人层面的心理、生理和系统层面的法律法规、网络、政府和社会投资,共同构建一个健康的儿童近视防护系统。基于宏观的系统概念,该产品的设计不仅需要专注于用户生理与心理上的健康,也需要设置与宏观的社会系统相关联的功能,才能做到概念模型与用户模型的统一。表 4-6 所示为儿童高度近视预防护理系统的概念模型与用户模型的对比,由表中可看出用户模型与概念模型较为一致,用户接受的心理差异化较小,设计师可根据概念模型将功能分配给硬件与 App,对产品进行具体设计。

表 4-6 概念模型与用户模型的对比

功能名称	概念模型	用户模型
视力监测	通过分析和展示相关数据信息,提出合理建议	科学的视力监测功能与提示功能
专家咨询	提供多种咨询方式,推荐所在区域附近的门诊场所	提供具有可信度的专家医疗建议
社区分享	定时发布眼部小知识,交流与学习	专业知识推送,迷茫时向社区求助
游戏教学	普及眼部知识,养成良好习惯	轻松愉悦,让孩子容易接受的功能

四、信息架构

明确概念设计之后，下一步是搭建完整的信息架构来梳理“儿童高度近视预防护理系统”的信息系统。与 Web 端和 App 端的信息架构设计类似，此处的信息架构设计也需解决两方面的问题，一是如何使得整个系统的可用性更高，二是怎样确保扩展性，为以后能够承载更为复杂的信息与功能留下入口。对于设计系统而言，具有良好的可用性和扩展性的信息架构可以帮助用户清晰地了解产品并快速地熟悉使用方法。在搭建信息架构时需要明确几点问题：用户使用该系统的过程如何？该系统如何帮助用户分类其中的信息？系统信息是以怎样的方式呈现给用户的？这些信息对于用户的价值如何体现？

针对上述问题，设计师依据用户的需求，并结合硬件与软件各自的功能特性列出系统信息架构。根据用户的需求，系统的 App 应该分为儿童端和家长端。在儿童端 App 的设计中，主要包括以下版块内容：预防近视益智游戏版块，其中可以分为单人游戏和亲子游戏，以增强与家长之间的互动；教育视频、科普动画版块，轻松愉悦地使儿童接受科普教育；小贴士，日常更新，让儿童了解眼睛的小知识；每周线上课堂，大量的课堂信息，内容丰富详细；真心话，根据儿童发育过程中心理特点设计，通过真心话特色功能做一个父母与儿童之间交流的桥梁。家长端包括目前视力状况，展示目前儿童视力状况的一些数据信息，可分为现状概况、历史趋势和实施建议；网上商城，可以通过积分兑换和现金购买相关护眼食品、产品和周边商品；检测预约，分为专家咨询和眼科预约两种方式；互动社区，可进行社区交流和同城互助；设置，包括普通设置、硬件设置、屏幕色温/亮度调节和锁屏等功能。

硬件端主要包括三个功能，视力监测，通过隐藏在内部的传感器实时获取儿童的眼球数据，如视力度数、疲劳状况和发育情况等，并将数据及时地无线传输到手机端，进行数据分析；眼部按摩，在海绵垫后面配备的多个按摩球能够对相关眼部穴位进行按摩；眼部游戏，采用 VR 虚拟显示技术，运用全新的手段，让儿童产生一种沉浸式的交互体验。在硬件端的设计中，除了考虑硬件基础功能，还要考虑保健等辅助功能，如可以通过内置的按摩球针对眼部的穴位进行按摩，根据光学元件监测视力情况等。

五、原型设计

在“儿童高度近视预防护理系统”的系统设计中，包括产品的硬件设计和软件信息架构设计。草图构思和原型设计，目的是让设计概念视觉化。设计师需要将概念设计中的功能、逻辑、人机交互形式、产品硬件设计，利用线框原型和手绘草图的方式可视化，将整个系统的视觉效果形象表达出来。

软件信息架构系统根据功能分为儿童端和家长端。儿童端的硬件外形灵感来源于奥特曼，奥特曼是儿童很喜欢的动漫形象之一，代表一种正义威武的精神，提取奥特曼的外形元素，将其融入硬件外形之中。产品的外形设计以流线型表现，使用大量曲面以保证外形的安全性。硬件部分由工程塑料制作，佩带部分由亲肤材质作为外衬，通过按键连接，做到可以拆卸的模块化设计。家长端原型界面主要分为三个部分，顶部为菜单栏，中间有数学分析图表和统计图，统计图表下方部分可展示健康数据，底部有四个图标。各层级界面设计完成后，设计师需将所有界面的使用场景加上文字说明与关系说明，展现 App 的数据逻辑与操作逻辑。

六、交互方式

“儿童高度近视预防护理系统”的设计牵涉用户与移动端，用户与硬件，以及硬件与移动端之间交互的方式，其中用户分为儿童和家长两种。在硬件的设计中，运用了 VR 技术和监测技术。比如，定时瞄点方式，为 VR 里最简单的交互形式，当用户戴上硬件设备时，在眼睛的正前方会出现一个瞄点，也称注视点，它会跟随用户头部同步移动。当瞄点停留在某个可点击区域时，会出现倒计时提示 2—3 秒过后，则激发点击操作。眼球追踪的交互方式也是硬件的重要交互方式，它对于人眼位置的检测，能够为当前所处视角提供最佳的 3D 效果，使 VR 呈现出的图像更自然，延迟更短，极大地增强了设备的可用性。同时，由于眼球追踪技术可以获知人眼的真实注视点，从而得到虚拟物体上视点位置的景深，从而在一定程度上缓解了虚拟现实设备容易眩晕的问题。此交互方式在游戏功能和监测功能上都可以得到良好的运用。此外，在整个系统中，硬件与移动端还需要通过蓝牙互联，将硬件上的结果可视化地呈现在 App 上。对于较传统的 Web 端与移动端，智能系统的交互方式将会有更多种可能。

设计师完成 App 端的设计以外，还需要考虑硬件与其的配合，使用户在两者一起使用时能够产生良好的体验。本款 App 的设计主要采用了多点触控交互技术，尽量通过手势完成 App 端的一切操作，如点击、长按、滑动、多点触控和旋转等。在 App 中，由于界面较多，同级别的界面尽量使用左右滑动的方式来切换。同时儿童端的一些界面的细节部分也会采取较为有趣的方式表现,如以动态气泡形式展现,每当儿童点开一个气泡,就可阅读一些相关知识点,并在下方有相关图文介绍。通过这样有趣的交互方式可以有效地吸引儿童的注意力。

七、视觉设计

在产品外观设计上,整体造型呈流线型,动感时尚。在用户体验设计方面,产品尺寸设定适宜,质量较小;产品结构包括了显示屏、开关按钮、透镜、按摩球、海绵眼垫和头带等部分;功能设计上配有相关传感器、加速器、陀螺仪感应器、视力监测仪、距离感应器等,与皮肤接触的部分采用柔软的海绵垫以保证佩戴的舒适性,同时在海绵垫后面配备的多个按摩球能够对相关眼部穴位进行按摩,达到舒缓疲劳的目的。

在产品整体框架、原型和交互方式确定后,再在原型基础上进行界面设计和程序开发。首先需要确定界面的整体风格。App 主体色彩采用蓝色,不同明度的蓝色构成了整个交互界面的主体色彩,给人简洁大方的感觉。儿童端界面主要采用卡通设计,增加儿童的好感,让儿童乐于使用。家长端的交互界面采用简单的卡片式布局,每个功能分区简单明了,能够让父母直观地了解所需要的信息。

根据产品的定位与功能,这款 App 名字定为“Super Glasses”(超能眼镜),意为近视并不可怕,只要我们做好防护,就能无所畏惧。App 的入口界面,有儿童和家长两个角色。儿童端交互界面首页的顶部有勋章功能,根据用户完成的任务数,可获得勋章,以增加儿童积极性,另外界面里四个常规选项分别是视力游戏、小建议、健康教学和每周课堂,特别选项是真心话选项。儿童端界面设计元素统一,亲和感强。

家长端有五个版块,包括视力状况、专家咨询、互动社区、商城分类和设置。点击底部的 tab 栏,可以实现不同级界面之间的切换。“视力状况”版块展示目前儿童视力状况的一些数据信息,通过分析硬件设备上所采集到的有关数据,能够将数据直观地展示出来,并根据儿童目前的发育状况,在实时建议里给出相关护理、饮食等方面的建议。“专家咨询”版块里推荐所在区域附近的一些门诊场所,能够让家长携带儿童到相关地点进行专业及时的医疗服务。家长可以在“互动社区”版块里发布帖子,其他家长能够给出观点与建议。家长端界面设计风格统一,简约大气,配色稳重,响应顺畅,给用户舒适安心的视觉体验。“儿童高度近视预防护理系统”的设计，移动端与硬件端虽独立设计，但软硬件在设计风格上需保持统一。

八、程序实现

在完成系统设计后，需要程序工程师进行程序设计开发和硬件产品的加工制作。在程序开发的过程中，通过后台建立服务器，开始编码，并提供文档接口给前端，前端在设计的界面上进行接口调试，程序开发的过程中，需要同时对“儿童端”和“家长端”分别进行开发，并注意二者的关联性。

九、测试上线

系统开发完成，在上线之前需要经过反复大量的测试。儿童端和家长端需要分别测试，发现漏洞(Bug)后及时进行调试修复。同时，硬件端也需要进行测试评估，主要针对产品的可用性进行测试。在软件端和硬件端同时运行无误后，还需将二者结合测试，评估其共同工作时匹配度是否满足需求，确认无误后再进行发布和推广应用。

第四节 跨平台交互系统设计

在一些复杂系统的设计项目中，设计师会遇到跨平台的交互设计工作，如某个项目需要在 PC Web 端和移动端开发应用，因此交互设计师需要储备跨平台设计的方法和技能，以支持此类型项目的交互设计工作。

一、适配型跨平台产品交互设计方法

适配型跨平台产品是指要设计的产品在各平台上功能一致，设计师需要根据不同平台的屏幕特性和系统交互方式进行适配设计。这种类型的跨平台应用设计主要存在于 PCWeb 和手机 Web/App 的跨平台设计中。此类设计的主要方法如下。

(一)页面架构的跨平台设计方法

1. 菜单的跨平台设计方法

PC Web 端的一级菜单一般显示在顶部或侧边。在做手机端的菜单设计适配时，由于移动端屏幕宽度较窄，往往把菜单收起为菜单按钮。

2. 图片的跨平台设计方法

对于 PC Web 端的阵列图片，在做手机端设计时，可以减少图片列数量，形

成一列或两列图片布局。

3. 表单的跨平台设计方法

PC Web 端的阵列表单可调整为手机端的单列表单模式。

4. 表格、文本、标题的跨平台设计方法

随着表格、文本和标题在手机端页面中显示宽度的缩小，设计师大多采取折行的形式进行设计。

5. 列表(List)的跨平台设计方法

对于 PC Web 端信息丰富的列表来说，在手机端设计时可以缩减部分不重要的列表属性，只保留最重要的部分信息。

6. 页码的跨平台设计方法

PC Web 端的列表页码可以展开显示，而手机端则可以用自动加载的方式或点击“上一页”/“下一页”按钮来进行翻页。

(二)交互流程的跨平台设计方法

对于 PC Web 端等有足够空间呈现丰富信息的平台来说，设计师需要做的重点是做好页面的信息架构，优化功能和信息布局，减少过长的操作流程和跳转。

而对于手机 Web 或手机 App 等小屏幕产品来说，界面信息承载能力有限，对于一些非主要的附属功能就需要进行收纳设计。我们可以在页面上设置访问入口，但这不可避免地会造成交互流程的增加、交互逻辑的复杂度增加。例如，筛选数据项模块，在 PC Web 端中，主要的筛选项是直接展开的，方便用户直接选择。对于手机应用来说，则需要将筛选内容设计为一个页面，通过点击“筛选”按钮进行访问。

二、互补型跨平台产品交互设计方法

互补型跨平台产品是指各平台中的产品承载功能不同，互为补充，共同配合完成应用目标。各平台系统的特性如下。

第一，便携智能设备可以最实时、方便地查看产品推送的最重要的通知或状态。

第二，手机应用可以实时完成信息采集和信息浏览。

第三，PC Web 或 PAD 应用可以方便查看大量数据的表格和图表。

第四，PC 本地软件适合进行大运算量功能的运行，如渲染。

第五，VR应用适合真实场景的模拟。

在互补型跨平台产品的交互设计中，应当充分利用不同平台的特性进行功能的分配和细节设计。

第五章

从GUI到VUI:语音系统交互设计

图形用户界面(GUI)作为人们熟悉且广泛使用的交互方式已深入人心。图形用户界面(GUI)主要通过图形化元素来实现用户与计算机之间的交互,具有直观、易上手的特点,使得用户能够轻松通过鼠标点击或触摸操作完成各种任务。自 20 世纪 80 年代以来,GUI 已成为计算机交互的主流方式,为广大用户所熟知和喜爱。然而,随着语音技术的日益成熟,语音用户界面(VUI)正逐渐崭露头角,为交互设计带来了新的可能性。VUI 允许用户通过自然语言与计算机直接进行交互,VUI 的核心技术包括自然语言处理、语音识别和语音合成等,这些技术的不断发展为 VUI 的广泛应用奠定了基础。

同时,通过智能语音进行交互的设备正在逐渐引领新的设计潮流,这些新的智能设备包括 VR、AR 可穿戴设备,便携式扬声器,家用音响,内部通话装置(如对讲机),智能家居,智能家电,车载设备,PC,智能电视/机顶盒等。例如亚马逊推出的搭载 Alexa 语音助手的 Echo 智能音箱,就根据不同的用户人群和适用场景推出了一系列的主题智能音箱,从而为用户提供更符合其认知特征和行为喜好的语音交互智能产品,如图 5-1 所示。对于语音的交互研究及设计,也逐渐地更加科学合理,并形成一套体系。

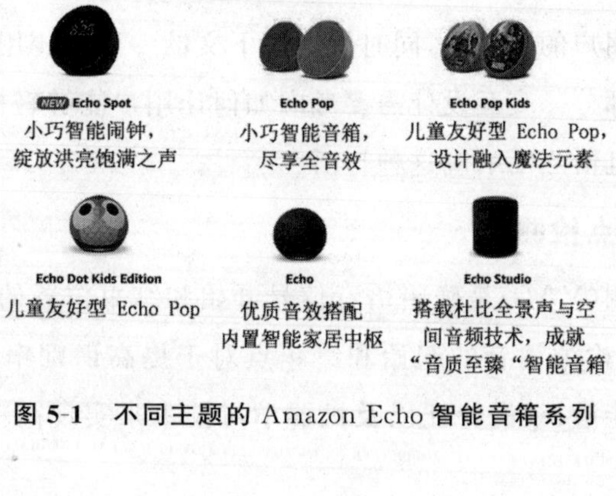

图 5-1 不同主题的 Amazon Echo 智能音箱系列

第一节　语音交互技术基础

语音交互技术的基础主要包括语音识别、自然语言处理、语音合成、语音活动检测、声学模型与语言模型等方面，这些基础共同构成了语音交互系统的核心框架，令智能系统可以理解与回复人类的语音指令。其中，自动语音识别和自然语言理解是对交互设计影响最大、也是目前广泛应用于语音交互产品中的两个关键技术，本节将结合其面临的核心技术问题来探讨交互设计对此应注意的关键点。

一、自动语音识别技术

自动语音识别技术（Automatic Speech Recognition，ASR）作为语音交互的基石，专注于将人类语音高效地转换为文本数据。基于交互设计角度，我们深入探讨以下几个 ASR 面临的核心技术问题：

（一）语音识别的准确率

准确率是衡量 ASR 技术性能的重要指标。提高准确率需要从声学模型、语言模型和词典等多个维度进行优化。声学模型负责将语音信号映射到音素或字词，而语言模型则用于约束和预测可能的词序列，两者共同影响最终的识别结果。而准确的语音识别是良好交互体验的基础。如果识别率低，用户会频繁遇到误识别或无法识别的情况，严重影响交互的流畅性和用户满意度。

（二）打断的处理

在真实场景中，用户可能随时打断系统的语音输出。ASR 技术需具备实时检测和处理这种打断的能力，以确保交互的自然流畅。这要求系统能够迅速响应并重新定位到用户的新输入，同时保持上下文的一致性。用户打断系统输出是自然交互的一部分。交互设计需要考虑如何让用户能够轻松地打断系统，同时系统能够迅速且恰当地响应这种打断。

（三）语音端点检测

语音端点检测（VAD）是确定语音信号开始和结束位置的关键技术。在复杂环境中，准确地检测语音的起始和终止点对于提高识别率至关重要。VAD 算法需结合信号能量、频谱特征以及机器学习技术来实现高精度的端点检测。

准确的语音端点检测对于确保用户输入的完整性至关重要。交互设计需要考虑到如何提示用户开始和结束说话,以及如何处理不完整的语音输入。

(四)超时处理机制

ASR 系统中的超时处理机制对于提升用户体验至关重要。无语音超时、言语过多超时和语音终止超时等策略的设计,旨在应对不同用户行为和语音输入模式。这些策略的合理设定能够确保系统在用户静默或连续说话时做出恰当的反应,从而提高交互的灵活性和效率。超时处理机制对于避免系统长时间等待用户输入或过度响应非常重要。交互设计需要设定合理的超时时间,并在超时时给予用户适当的反馈。

二、自然语言理解技术

自然语言理解技术(NLU)旨在解析并理解人类自然语言的深层含义和上下文。在设计学尤其是在交互设计中,主要关注 NLU 如何有效解决以下问题:

(一)回应多样化的语音输入

NLU 必须能够处理丰富多样的语言表达,包括俚语、隐喻、比喻等。通过深度学习模型和大规模语料库的训练,NLU 可以逐渐学会理解和回应各种复杂的语言表达。

(二)消除歧义

自然语言中的歧义是普遍存在的现象。NLU 利用上下文信息、语义角色标注以及世界知识等方法来消除歧义,确保准确理解用户意图。

(三)处理否定

否定表达在自然语言中占据重要地位。NLU 通过识别否定词、分析句子结构和语境,来正确理解否定句的含义,并作出相应反应。

(四)对话管理

对话管理是 NLU 的核心组成部分,它负责协调和控制整个对话过程。通过状态追踪、对话策略学习和用户意图识别等技术手段,对话管理系统能够确保与用户进行连贯、高效的交互。

(五)情感分析和情绪检测

为了提升交互的人性化程度,NLU 还需具备情感分析和情绪检测能力。

通过分析语音中的音调、语速以及文本内容中的情感词汇等信息，NLU 可以感知用户的情绪状态，并据此调整回复策略，以实现更加贴心的交互体验。

NLU 技术让系统能够理解用户的自然语言输入。交互设计需要确保系统的回复和行为符合用户的期望和语境，提供自然、流畅的对话体验。

第二节　基于语音交互的用户体验

语音交互设计是一种新兴的用户界面设计方式，它通过语音识别技术与人进行交互，让用户通过语音与设备进行沟通。随着人工智能和语音识别技术的快速发展，语音交互设计已经成为用户体验设计领域的重要分支之一。本节将从用户体验的角度出发，探讨语音交互设计对用户体验的影响和改善。

一、语音交互设计的特点

语音交互设计与传统的图形界面设计之间的区别显著，这些差异主要体现在以下几个方面，并彰显出语音交互设计的独特优势：

（一）自然交互的深层次体现

语音交互设计打破了传统图形界面设计的限制，它采用了一种更符合人类本能交流方式的设计思路。用户仅需通过口头语言便能操纵系统，无须依赖键盘、鼠标等物理输入设备。这种交互模式的自然性不仅减轻了用户的操作负担，更在深层次上提升了用户体验。例如，在智能家居环境中，用户可以通过简单的语音指令控制灯光、温度等，这种无缝的交互方式显著提高了生活的便捷性。

（二）情感化交流的重要性

语音交互设计在传递情感方面具有独特优势。用户的声音中蕴含着丰富的情感和意图，而语音交互系统能够捕捉并解读这些细微的情感变化，从而为用户提供更加贴心、人性化的服务。这种情感化的交流方式极大地丰富了用户体验，使得语音交互不再仅仅是一种功能性的操作，而是一种充满情感色彩的交流过程。例如，智能音箱在检测到用户语气中的疲惫时，可能会主动播放轻松的音乐，以帮助用户放松心情。

（三）智能化服务的创新应用

结合先进的人工智能和语音识别技术，语音交互设计为用户提供了前所未有的智能化服务体验。系统能够智能地识别和理解用户的语音指令,进而提供个性化、精准的服务。这种智能化服务不仅提高了效率,还使得用户体验更加个性化、多样化。例如,智能助手可以根据用户的语音指令和历史行为,智能推荐相关内容,为用户提供更加贴心的服务。

因此,语音交互设计以其自然交互、情感化交流和智能化服务的显著特点,在提升用户体验方面展现出了巨大的潜力。

二、语音交互设计对用户体验的影响

(一)对用户体验产生的影响

语音交互设计的崛起对用户体验产生了深远的影响,这主要体现在以下几个方面:

1. 个性化的服务体验

首先,语音交互设计通过融合人工智能技术,能够根据用户的个性化语音指令和需求,提供定制化的服务体验。例如,智能音箱可以响应用户的语音命令来播放特定的音乐、提供实时的天气信息或设定个性化的闹钟,从而极大地满足了用户的独特需求。

2. 情感化的交流方式

其次,语音交互设计促进了更加情感化的交流方式。这种设计允许用户通过语音更好地表达自己的情感和感受,实现更为自然和生动的交流。智能语音助手的回应,使得人机之间的对话变得更加流畅和富有情感。

3. 用户体验的提升

语音交互设计显著提升了用户体验,特别是对于特殊群体,如老年人和残障人士。通过语音交互,这些用户能够更轻松地操作设备,从而提高了使用的便捷性和整体体验感。

(二)语音交互设计的用户体验探究

语音交互设计的出现,为用户体验研究提供了新的方向和契机。目前,一些研究机构和企业已经开始对语音交互设计下的用户体验进行深入的研究,要包括以下几个方面:

1. 用户行为和需求研究

针对语音交互情境下用户的行为习惯和需求特点,开展相关的用户调研和用户体验测试，深入了解用户对语音交互设计的认知和体验。

2. 交互设计模型优化

针对语音交互设计的交互模型和交互方式，进行优化和改进，提高语音交互的用户友好性和便捷性。例如通过增强语义分析和情感识别功能，实现更加人性化的交互。

3. 技术创新和应用落地

加强语音交互设计技术的创新研发，推动语音交互设计在各行业的应用落地，为用户提供更加智能化和便捷化的服务体验。

4. 用户体验评估和改进

对于已经上线的语音交互产品，持续进行用户体验评估和改进，及时掌握用户的反馈意见和建议，不断优化产品的用户体验。

三、语音识别技术的应用

语音识别技术已广泛应用于多个领域，显著改变了人机交互方式，并极大提高了交互效率、提升了用户体验。

在智能家居领域，该技术使用户能够通过简单的语音指令操控各种智能设备，如灯光、空调等。例如，通过智能音箱，用户只需发出如“打开客厅灯”的指令，设备便能迅速响应。这不仅提高了家居操作的便捷性，更推动了家居生活的智能化与个性化进程。

在智能助理领域，语音识别技术同样展示了其强大功能。智能助理，如 Siri 和 Google Assistant，能准确理解并执行用户的语音指令，无论是搜索信息、查询天气还是设定提醒，都可通过语音轻松实现。这种交互模式有效提升了信息获取的效率，尤其在用户忙碌或双手不便时更显优势。

此外，在语音输入领域，语音识别技术也发挥着不可或缺的作用。相较于传统的手动文本输入，语音输入显著提升了输入效率，使用户在移动或无法使用键盘的情境下也能顺利完成文字输入。

语音识别技术在智能家居、智能助理及语音输入等领域的应用正逐步深化。这些应用不仅优化了用户体验，还使人机交互更为自然、便捷与高效。为适应这一技术趋势，交互设计应不断创新，结合用户反馈与需求，将语音识别与其他交互方式相融合，以创造出更为丰富且易用的交互体验。

四、基于语音识别的用户体验设计

基于语音识别的用户体验设计是指在语音技术的基础上,通过优化用户交互方式、提升用户操作便捷性等方面的设计,来提升用户体验的设计理念。旨在保证语音识别技术高效准确的同时,实现用户与设备间的高水平协作。

(一)语音操作体验的优化

在基于语音识别的设计中,语音指令的输入是关键因素之一。针对不同场景下的语音输入,需要针对性地优化设计。例如,在智能家居领域,可以通过优化固定语音指令的录入方式,使其更简洁、易记,同时提供语音指令的反馈和确认,确保用户清楚指令已被正确识别和执行。此外,对于不确定的输入情况,可以提供智能提示或创建特殊的语音交互方式,以降低用户的输入难度。Amazon Echo 智能音箱可以基于用户语音指令,自行判断以何种合适的方式协助用户与外界进行沟通联系并执行。例如,基于用户的“联系亲戚们”的指令,Echo 会联动用户手机发起群组视频电话,基于“饭好了,叫家人吃饭”的指令会开启音箱广播公放来提醒全家人,基于“帮我找下手机”的指令会联动用户手机自动播放高分贝声音来吸引注意力。如图 5-2 所示。

Try saying

- **“Alexa, call my family.”**
  Stay in sync with Alexa group calling.
- **“Alexa, drop in on the kitchen.”**
  Instantly connect to Alexa-enabled devices in your home.
- **“Alexa, announce that dinner is ready.”**
  Broadcast Announcements to your Alexa-enabled devices.
- **“Alexa, call Dad.”**
  Make a voice or video call, hands-free.
- **“Alexa, find my phone.”**
  Link your phone and ask Alexa to call it when it’s misplaced.

图 5-2　Amazon Echo 智能音箱可根据不同指令给出不同的交互反馈与个性化体验

(二)交互方式的改进

由于语音指令和语音播报缺少本文显示,用户需要通过语音提示或语音机器人等方式来感知操作结果,所有信息交换都通过听觉来传递。因此,设计师应优化语音提示的准确性和清晰度,提高视听信息接收率与传递率,确保用户能够准确理解操作结果。同时,语音播报也应更加人性化,以引导用户进行下一步操作。

(三)交互策略的设计

设计合理的交互策略是提升语音交互用户体验的核心。交互策略包括互动形式、用户思维等方面的设计。设计师应提供多样化、增量、全面、精准的互动形式,如智能推荐、语音搜索等,以满足用户的不同需求。同时,设计师还需深入了解用户的思维方式和习惯,以设计出更符合用户直觉和习惯的交互方式。

五、用户体验设计的调整与未来趋势

随着语音识别技术的日益成熟与广泛应用,基于语音识别的用户体验设计已成为交互设计领域的重要研究方向。然而,这项技术在实际应用中仍面临诸多挑战,如语音的理解力、指令的准确性以及输出的自然度等。为了进一步提升用户体验,我们需要对基于语音识别的设计进行持续的调整与优化,并探寻其未来发展趋势。

首先,针对语音理解力的提升,我们可以借助深度学习和自然语言处理技术来增强系统的语义理解能力。通过构建更加丰富的语言模型和上下文理解机制,使系统能够更准确地捕捉用户的意图和需求。此外,结合大数据和人工智能技术,我们可以对用户的语音数据进行深度挖掘和分析,从而为用户提供更加个性化和智能化的服务。

其次,提高语音指令的准确性是另一个关键挑战。为了应对这一问题,我们可以采用多种策略,如优化语音识别算法、提升麦克风等硬件设备的性能,以及通过用户反馈机制来不断完善系统的识别能力。同时,设计简洁明了的语音指令也是关键,这有助于降低误识别的风险,提升用户体验。

最后,语音输出的自然度同样重要。为了实现更自然的语音交互,我们可以利用语音合成技术来模拟人类的语言习惯和语调,使机器生成的语音更加贴近自然人的表达方式。此外,我们还可以通过人机交互实验来收集用户对语音输出的反馈,以便进一步优化语音输出的质量和效果。

基于语音识别的用户体验设计将与更多先进技术相结合,如虚拟现实、增强现实等,从而为用户创造更加沉浸式的交互体验。同时,随着 5G、6G 等通信技术的不断发展,语音识别技术将在更多场景中得到应用,如自动驾驶、远程医疗等。这将为用户提供更加便捷、高效的服务,并推动相关行业的创新与发展。

总之,基于语音识别的用户体验设计是一个充满挑战与机遇的领域。为了提供更加自然、便捷和高效的交互体验,我们需要不断优化和调整设计策略,并结合先进技术来完善系统功能。同时,以用户为中心的设计理念应始终贯穿于整个设计过程中,通过数据分析、人机交互实验等方式来深入理解和反馈用户需求,从而为用户创造更加优质的交互体验。

第三节　语音交互界面概述

一、VUI:定义与优势

语音交互界面(Voice User Interface,VUI)作为人类与计算机之间沟通的桥梁,其独特之处在于允许用户使用自然语言与系统进行"对话"。这种交互方式不仅直观而且高效,已成为现代智能语音产品的核心组成部分。

VUI 的显著优势表现在多个方面:首先,其"自然"属性意味着用户无须学习复杂的命令或操作,只需像日常对话一样与系统交流;其次,"速度"快,用户可以迅速获得所需信息或服务,提高了交互效率;再次,VUI"释放双手",使用户在忙碌或不便操作设备时仍能有效沟通;此外,其"直觉性"强,用户凭借日常对话的习惯即可轻松上手;最后,VUI 还具备一定的"同理心",通过语音语调和语义分析,系统能更好地理解用户需求,提供更加个性化的服务。

二、语音人机交互设计的核心要素

要设计出自然、人性化的语音人机交互系统,必须深入了解人类对话的原则、特点和用语习惯。以下是设计过程中的关键因素:

(一)合作原则

合作是对话的基础。在语音交互中,用户和系统应共同致力于构建清晰、真实的对话环境。这要求双方在当前对话场景下尽可能真实、清晰地表达信息,确保信息的高相关性和全面性。通过遵循合作原则,语音交互系统能更准确地理解用户需求,提供有针对性的回应。

(二)话轮转换

话轮转换是语音交互中的重要机制,它确保人机之间能够轮流说话,避免出现人机同时发声导致的混乱。有效的话轮转换不仅能保持对话的流畅性,还能提高语义理解的准确性。设计时应注重实现自然、顺畅的话轮转换机制,以确保用户和系统之间的对话能够有序进行。

(三)对话线索

对话中的上下文线索对于理解用户意图至关重要。通过捕捉和分析对话中的关键词或关键短语,系统能够把握对话的主线,从而更容易地跟上用户的对话意图。设计师应善于利用这些线索来优化系统的回应策略,提高语音交互的效率和准确性。

(四)表达方式的多样性

人类语言具有丰富的多样性,同一事物可以用不同的词语和风格来描述。为了适应这种多样性,VUI 需要具备强大的识别能力,能够兼容各种表达方式。这要求设计师在构建语音模型时充分考虑用户的不同表达习惯,确保系统能够灵活应对各种语言变体。

(五)对话修正

在任何对话中,误解都是难以避免的。为了提高语音交互的鲁棒性,VUI 需要具备基于对话流和自然交流原则进行对话修正的能力。当系统检测到可能的误解时,应主动寻求澄清或提供更多信息以帮助用户明确意图。这种修正机制有助于提升用户体验,确保对话的顺利进行。

三、设计思考方向

在设计语音交互界面时,可以从以下几个方向进行深入思考:

(一)对话的全流程考虑

从对话的开始、进行到结束,设计师应全面考虑用户在每个阶段的需求和期望。例如,在对话开始时,系统应提供友好的问候和简洁的引导;在对话进行中,系统应保持高度的响应性和准确性;在对话结束时,系统应提供恰当的结束语和后续操作建议。

(二)用户表达与系统回应的平衡

设计师应关注用户表达与系统回应之间的平衡。用户的表达可能具有多样性和不确定性,而系统的回应需要既准确又人性化。为了实现这一平衡,设计师可以运用自然语言处理和机器学习技术来优化系统的回应策略。

(三)用户完成任务的过程分析

深入了解用户完成任务的过程对于提升语音交互的便捷性和效率至关重

要。设计师应通过用户研究和数据分析来识别用户在完成任务过程中可能遇到的障碍和需求,并据此优化交互流程和设计。

(四)特殊情况的处理

在实际应用中,对话可能会被各种因素打断或干扰。设计师应考虑这些特殊情况并制定相应的处理策略以确保对话的稳定性和连续性。例如,当环境噪声过大时,系统可以提示用户稍后再试或转移到其他交互方式。

(五)借鉴人类对话原则

以人类文化中沉淀出的对话原则和用语习惯为导向是设计人性化语音交互界面的关键。设计师应研究并借鉴这些原则来指导设计实践,使"人机对话"更加贴近自然对话的体验。例如,系统可以运用礼貌用语、情感表达等手法来增强与用户之间的情感连接和沟通效果。

第四节　语音交互界面设计方法

一、情景设计

设计师需要调研产品的常用使用场景,写出场景故事,从中提取功能需求及内容需求。举例如下。

Amy下周休年假,她准备出国度假,但是下班回家后感到很累,躺在床上休息时,她喊系统帮忙订机票和酒店,系统为她推荐了"Travel Adviser"。

Amy告诉"Travel Adviser"自己有一周的时间,想去日本旅行,"Travel Adviser"为她推荐并介绍了很多好玩的地方。

在"Travel Adviser"的帮助下,Amy安排好了这几天的行程,并制订好了路线。

在行程表中,"Travel Adviser"还帮Amy备注了各景点的重点体验项目、注意事项,去某个购物中心时要买或要看的商品,一路上的特色小吃等。

"Travel Adviser"告诉Amy,如果需要的话,它会在旅行过程中随时提醒Amy的备注内容。

最后,按照制订好的行程,"Travel Adviser"帮Amy订好了往返机票,以及一路上要下榻的酒店。

情景中的功能需求提取如下：景点搜索、旅行计划（行程表＋路线图＋备注＋提醒）、订机票、订酒店。

内容需求提取为景点介绍。

二、语音系统拟人化设计

（一）为什么要进行语音系统拟人化设计

人类天生就喜欢将其他事物“拟人化”，如在云朵中看到微笑的脸，挺拔的竹子被认为是有“气节”等。当人们面对数字语音时，会本能地根据其语音、言辞等，赋予其一定的性格和情感。

（二）拟人化设计思路

在设计过程中，设计师应首先考虑系统的“人格”。根据产品的特征为系统命名，设定合适的“人格”，再在“人格”的基础上，设计视觉形象、选择声音等。另外，产品图形视觉的设计风格和硬件的设计风格，也会影响用户对机器拟人化的认识。例如，Google Assistant 被定义为一个聪明、友好、礼貌、贴心，且会随着用户的“培养”而不断进化的个性化私人助理。

（三）使用拟人化的对话方式

1.时间维度

采用“首先”“完成了三分之二”“最后”等词语进行时间标记。

2.反馈维度

采用“谢谢”“知道了”“好的”等词语进行收听反馈。

3.情感维度

采用“干得好”“很高兴听到这个好消息”等词语进行鼓励、激励。

三、撰写对话脚本

（一）什么是对话脚本

对话脚本是用户和系统之间可能产生的交互的模拟。它看起来像电影或戏剧中的剧本，体现为用户和系统之间的对话，它的作用是：

①能明确对话如何发展下去。

②能帮助设计师发现没有考虑到的情况。

（二）对话脚本设计思路

①用语要自然、简练，尤其要注意系统用语要符合系统的拟人化设定。

②要重点突出系统如何帮助用户完成任务，进而实现其目标。

③撰写对话脚本，是为了推导出所有可能的“对话流路径”（对话流路径全景图），因为在语音交互中用户可能会“说”什么，而不像在图形界面上用户可以“做”什么那样可控，设计师无法像在图形界面设计中那样，规划出明确的信息架构和页面流程图，因此需要以对话脚本为媒介，来推演出对话流路径全景图。

四、根据对话脚本扩展对话流

（一）设计要点

①应围绕用户完成任务的过程，推演出对话的各种可能性，完善对话。

②预测尽可能多的用户表达、选择合适的系统回复方式、自然的话轮转换、有效引导用户的“下一步”操作。

③依次找出完成任务的最优路径、最短路径、其他路径，以及未完成任务的异常情况，最后画出对话流路径全景图。

（二）如何唤醒系统

①制订唤醒词，要易于识别，且不易混淆，能让人很容易就说出口，最好不要选择常用词，以免误唤醒。

②给出明确的提示语，让用户知道什么时候开始，以及可以说些什么。

③必要时给出表达样例。

（三）多轮对话设计

①持续跟踪上下文，记住用户近期说过的话，思考用户接下来要做什么，给出明确的提示，不要使用反问句。

②问一个问题，把介绍放在开头，把问题放在最后。

③听用户的回答，如果在一定置信阈值内，系统可理解用户的话。

④用不同类型话语回复用户。

· 受限回复。对于一些明确的诉求或提问，可以进行受限回复，如“是的”“不是”“需要”“不需要”“对的”“错的”。

· 开放对话。对于一些不能解决的问题，需要转人工或通过其他渠道为用户提供帮助。如用户描述完一段病情，系统说“谢谢你，我会把这些转告给医生的。”

· 情感表达，将用户的多种表达映射到某个分类做同样的理解，然后做出同样的回答，如用户表达：我感到难过/沮丧/不好/悲惨……（系统都理解为“悲伤”），系统回复：“I am sorry to hear that”。

⑤对话管理。用户会以不同的方式、不同的顺序提供信息，因此，系统需要知道完成任务需要哪些信息，并在对话中进行收集。如成功订购比萨需要用户提供如下信息：比萨数量、尺寸、配料、地址、电话号码。

（四）完成对话流路径全景图

①找出完成任务的最优路径。最优路径是指用户顺利完成任务的一条“理想对话流”，符合人们的说话习惯，用户没有遇到困难，简单，自然。

②找出完成任务的最短路径。最短路径是指用户一次性提供了完成任务所需的全部信息。最短并不一定是最优，因为这可能需要说很长的句子，不符合人们的口语习惯。

③找出完成任务的其他常用路径。

④列出异常情况。

五、视觉图形化辅助设计

（一）注意力系统设计

注意力系统用以向用户传达语音系统的注意力状态。一般注意力状态主要包括闲置、等待收听、倾听、思考、讲话。

语音系统的视觉辅助输出包括 LED 状态显示和屏幕状态显示。

①针对 LED 模块，可以设计不同颜色、透明度、闪烁频率来表达不同的注意力状态。

②针对屏幕模块，可以设计不同颜色、不同振幅的曲线、曲面或控件的动效，来表达不同的注意力状态。

（二）视觉界面设计

通过屏幕上的人机界面，对语音系统的反馈过程和结果进行视觉化表达。同时在语音交互功能未被唤醒时，也可配合视觉界面针对智能系统所预测将要发生的用户使用场景进行视觉提示，通过这种隐式交互来进一步发起与用户之间的主动交互。如图 5-3 所示，Amazon Echo 的迪士尼主题儿童智能音箱会根据用户的行为数据与喜好，在不同时段显示可能会使用到的功能视觉界面，提供给小朋友更具个性化的语音交互推送内容。

图 5-3 迪士尼主题的 Echo 智能音箱根据预测的不同使用情景所提供的视觉界面推送

六、细节设计

(一)异常处理

在语音交互系统中,异常处理是确保用户体验流畅性和系统稳定性的关键环节。以下是针对两种常见异常情况的处理建议:

1. 未检测到语音或识别失败

当系统未检测到语音输入或无法识别出语音内容时,应立即停止当前的系统动作。

通过语音或视觉提示明确告知用户当前的情况,例如:"未能检测到您的语音输入,请重新尝试。"

可提供操作建议,如调整麦克风位置、确保环境安静等,以辅助用户重新进行语音输入。

2. 语音识别成功但系统无法处理

当系统成功识别语音但无法处理相应指令时,设计师应预先设计丰富的应答库,以应对此类情况。

应答应尽可能友好且具引导性,例如:"很抱歉,我目前无法完成这个操作。您可以尝试其他指令或稍后重试。"

同时,后台应记录此类情况,以便后续优化系统处理能力。

(二)处理敏感话题中的情绪问题

在涉及敏感话题的语音交互中,妥善处理用户的情绪至关重要。以下建议可供参考:

1. 避免直接指出用户情绪

系统在回应中不应直接提及用户的情绪状态,以免引发用户的反感或不适。

应通过委婉的方式表达理解和支持,例如:“我理解这对您来说可能是个敏感的话题。”

2. 利用情感和情绪分析引导谈话

通过情感和情绪分析技术,系统可以感知用户的情绪状态。

根据用户的情绪调整回应策略,例如在用户情绪低落时提供安慰和鼓励。

(三)处理歧义

语音交互中,用户指令的歧义是常见问题。以下策略有助于解决这一问题:

1. 信息不全时的处理

当用户只提供了部分信息时,系统应利用已知信息和上下文线索进行智能分析。

若无法确定用户意图,可通过补充询问获取更多细节,例如:“您能提供更多关于 XX 的信息吗?”

2. 指令不明确时的处理

当用户指令模糊或回答不明确时,系统应针对关键词进行二次强调询问。

例如:“您是想查询 XX 还是 YY 呢?”以帮助用户明确意图。

3. 信息过多时的处理

面对用户提供的过多信息,系统应提示用户缩小范围或明确重点。

例如:“您能简要说明您的主要需求吗?”以提高交互效率。

(四)延迟处理

在语音交互中,延迟是影响用户体验的关键因素。以下建议有助于优化延迟处理:

尽早预测和告知延迟时间:系统应能够预测处理延迟的大致时间,并尽早通过语音或视觉提示告知用户。

提供进度反馈:在处理过程中,系统可提供进度反馈或加载指示,以减轻用户的等待焦虑。

优化系统性能:从技术层面优化系统性能,减少不必要的延迟,确保流畅的交互体验。

对于异常处理,交互设计要确保系统能够稳定应对未检测到语音、识别失败等异常情况,提供明确的用户反馈;在处理敏感话题时,要注意用户情绪,避免直接提及情绪状态,利用情绪分析引导对话;对于歧义问题,应通过智能分析和补充询问来解决信息不全或指令不明确的情况;最后,针对延迟问题,交互设计方案应尽早预测并告知用户延迟时间,同时提供进度反馈并优化系统性能,以确保流畅的交互体验。

第六章

车载人机交互界面设计

第一节　车载人机交互设计概述

车载人机交互界面设计(HMI),作为融合多学科知识的设计领域,在数字智能时代显得尤为重要。设计师需具备深厚的产品设计功底,同时对人机工程学、平面设计、新媒体设计以及信息架构等领域有深入的了解。

在 HMI 设计中,跨学科知识的融合应用是核心。具体看来,产品设计确保整体功能和用户体验的达成;人机工程学提升操作的舒适性和便捷性;平面设计赋予界面视觉美感和高效的信息传达;新媒体设计则把握数字媒介特点,推动交互方式的创新;清晰的信息架构保障信息的逻辑组织和用户理解的易行性。数字智能技术为 HMI 设计带来新的驱动力。生成式 AI 大模型、车内投影、裸眼 3D 等新技术,不仅变革了传统人机交互模式,更为设计师开创了无限的创新空间。例如,AI 技术实现智能个性化推荐,车内投影和裸眼 3D 技术营造沉浸式交互体验。

在前期设计思考中,理论支撑与框架思考的构建至关重要。产品设计理论定位用户需求与功能,人机工程学原理保障舒适性与易用性,平面设计法则指导视觉设计,新媒体设计理论把握数字交互特点,信息架构理论组织复杂信息。这些理论知识和框架思考共同夯实了 HMI 设计的基石。此外,HMI 设计还需考虑用户反馈和导航的清晰性,确保用户能轻松理解和操作系统或设备。同时,在数字智能时代,HMI 设计应更加注重用户隐私和数据安全,采用先进的加密技术和隐私保护策略,为用户提供安全可靠的交互环境。

HMI 人机交互界面设计在数字智能时代呈现出更加复杂和多元的特点。设计师需不断学习和掌握新技术,深度融合多学科知识,以创造出符合时代需求、用户体验优异的 HMI 设计作品。这样的设计不仅能提升用户的工作效率，降低错误率，更能为用户带来直观、易于理解的界面和沉浸式的交互体验。

一、车载 HMI 设计的发展历程

在汽车工业飞速发展的一百二十余年间，用户与汽车之间的交互关系发生了根本性的变化。HMI 人机交互需要具备两个载体：一是仪表盘，其用于提供汽车基本运行信息；二是中央控制台，其用于车辆的控制信息及娱乐信息。在车载 HMI 交互界面发展历程中，一般划分为四个阶段：

(一)交互纯机械时代

交互纯机械时代(1908—1980 年)：虽然汽车早在 18 世纪末期就面向世界，但当时的汽车并不具备内饰仪表等信息显示，直到 19 世纪中叶才逐渐形成基本的内饰装修。作为当时豪车标杆，第五代劳斯莱斯幻影其内饰有大量稀有木材及高档牛皮装饰，但其机械仪表指针盘还未形成系统化界面，用户只能通过指针刻度获取基本驾驶信息，此时用户与机器之间不存在交互行为，且智能化程度接近零。

(二)交互电气化时代

交互电气化时代(1990—2000 年)：到了 20 世纪 90 年代初，由于重工业发展迅速及汽车市场份额提升，为了提升驾驶品质，液晶显示屏(LED)开始在汽车内饰中普及，且显示信息的功能性逐步合理。但由于液晶技术不成熟和功能的增多导致汽车中央控制台充斥着密密麻麻的实体按钮，外加豪华汽车需要比普通家用车更多的新功能、新形式，且更新往往停留于新的实体 UI 按键、旋钮等，这些因素导致这一时期用户使用便捷性受到一定影响，同时也给设计师带了许多困扰。到了 21 世纪，往后十多年间交互系统发展相对平稳，车载嵌入式电子产品在市场流通，操作系统的需求扩大让 HMI 系统开发逐步成为热门。

(三)交互屏幕化时代

交互屏幕化时代(2010—2020 年)：随着科技发展，这一时期的 HMI 交互界面可谓是变革性的，手机的崛起为汽车 HMI 交互界面提供了巨大的技术参考，大液晶屏幕、数字化仪表盘、语音助手、触控操作、多媒体系统的出现并伴随汽车交互界面系统开始呈现多样化、品牌化、数字化的特征，比如宝马 iDrive 系统、奔驰 COMAND 及后期的 MBUX 系统等，这些系统将原本复杂的车载功能整合到统一的界面接口中，外加 UI 设计师对界面进行家族化设计，让人和汽车之间交互进入智能化时代。

这一时期正值新能源汽车崛起，特斯拉在 2012 年推出的 Model S 上首次搭载了 17 英寸嵌入式触控屏幕，取代了传统意义上的指针和物理按键，在有限的中控屏中通过车联网容纳无限的功能模块，并且极简的界面设计标准最大程度满足了用户对新能源汽车的功能需求。特斯拉的出现颠覆了人们对传统汽车的认知，革新了人与汽车之间的交互关系。

（四）交互未来时代

交互未来时代（2020 年至今）：从简单过渡到复杂再进化到自然。早期 HMI 交互界面是冰冷零交流的，通过简单的码表、转速表、机油表等显示信息单方面传递给驾乘人员。过渡时期又因技术的发展限制和人们对于驾驶舱不断摸索，在内饰中加上了大量的按钮，实体 UI 按钮五花八门，让驾乘者对于汽车基础学习成本上升，导致操作多与冗杂。到如今，大屏幕的加入，娱乐功能、操作功能、虚拟按钮和 UI 的美观化让 HMI 交互界面的互动越来越偏向人与手机的关系。未来的 HMI 交互界面是需要零成本、下意识的界面互动，语音助手和人的交流会逐渐减少机械沟通，自然的 HMI 交互界面需要科学技术的加持，更需要设计师的关怀。

2018—2023 年是 HMI 人机交互界面的进化期，从之前的断屏布局已经进化到连屏时代，这一时期 AI 语音交互加上触摸显示屏加上虚拟按键达到了去实体化趋势，并且车内的娱乐软件更加丰富。目前更多新能源汽车厂商采用全液晶 T 型布局，3—4 块屏幕成为标准配置，人机交互的形式和渠道变得更多样，娱乐系统的市场需求前所未有的旺盛。

2023—2035 年是全面智能化时期，这一时期手势操控应该完全成熟，HUD 和智能语音助手能够代替大多手动操作，新能源汽车 HMI 人机交互界面应完全平衡用户的安全驾驶和完整的驾驶体验，“如何设计营造 easy use，Intuitive，elegant UI/UX 体验在这一时间阶段需要根据不同汽车厂商有不同的解决方案，以达到为用户群体创造完整的驾乘感。

二、车载 HMI 视觉信息反馈机制

在汽车行业不断地朝着智能化和体验化发展的当下，车载交互界面设计是车辆设计中贯穿始终的核心内容，视觉交互的效率远高于其他几种模态的交互

效率,是车载交互中最重要的交互模式,其涉及用户与车载系统之间基于界面视觉信息的重要传递。方鼎在《汽车驾驶员动态视认性的实验研究》中提到:"视觉作为人体最重要的信息感知来源,世界上大约有80%的信息是通过视觉传递到大脑处理,视觉反馈是将个体接收的视觉信息进行感知反应和认知回馈的阶段。"故此,视觉信息反馈机制设计与研究是车载人机交互中的重要议题。

(一)视觉信息传达过程

视觉信息交换作为人类本能行为,在界面设计中亦充斥着决定性角色。事实上,物体通过神经传送映射到大脑再做出行为反馈的过程大致可分为四个步骤:

1. 视觉感受

其是人类最原始的本能,将一切能够观察到的事物直观的传递到视网膜上,形成最初始的一种感知能力。通常人体针对事物的状态进行简单分类行为再传递给大脑各个脑区进行一个深层次处理。

2. 视觉认知

相较于感受,视觉认知更多的是将视网膜传递的图像进行一个精加工,将图像信号等感性因素通过神经处理变为理性因素,最终得到相应的解释,但神经解释的过程和不同人群的认知程度、生活环境息息相关,所得到的解释也是因人而异。

3. 行为表现

人脑通过不同环境、受到的不同教育再加上小脑记忆的储存,会对视网膜和神经传递的图像信息进行一个评判行为,并做出执行反应动作。这一过程在行为表现中和肢体、语言环环相扣。

4. 信息反馈

这是一种根据客观环境和主观意识的反馈思想行为。在大脑做完行为表现的过程后需要自身针对环境、状态、思维活动进行行为反馈,这个步骤仍然需要肢体和语言的参与,最终对于视觉信息反馈形成一个闭环。

(二)HMI 视觉范围分析

不同于日常随机性视觉信息反馈,驾驶是一个需要长时间集中精力,并且注意力不宜过渡分散的信息反馈动作。荷兰埃因霍芬工业大学工业设计教授 Jacques Terken 和瑞典查尔姆斯大学终身教授陈芳在 *Human Centered*

Intelligent Vehicle HMI Design 中提到:“当人处于神情放松的状态时,视野最佳角度范围左右各为30°,垂直方向水平线以上最佳观测范围为50°,以下最佳观测范围为65°。”日常生活中在保持静止状态下,眼球直视正前方所囊括的空间范围内,最佳观察物体的水平距离在380—760mm,最佳垂直空间为水平线上下30°,在这个范围区间内,脑部识别信息是最具备效率并且给予的反应是最直接的。

在HMI人机交互界面设计中有三个概念:中心视觉识别区域、最佳视觉识别区域和有效视觉识别区域。有效视觉识别区域是指需要集中精力和一定反应时间才可在大脑中辨别出形体并做出反应的区域,该区域一般是垂直方向10°—30°,水平方向30°以内的矩形区域;最佳视觉识别区域是指人在相对范围内以极短时间辨认出区域物体并准备无误反馈给大脑神经做出反应的区域,其位于视水平线15°—20°的椭圆形区域内;中心视觉识别区域指眼球在观察事物时位于视觉中心点的范围区限,其涵盖范畴在1.5°—3°的中心圆形区域内。

在驾驶过程中,车机系统会反馈诸多驾驶信息给驾驶员,其中大部分信息需要眼跳行为完成,故此在新能源汽车HMI人机交互界面设计中重要驾驶信息不能脱离驾驶员在座舱中平视前方的有效视觉区域。行驶过程中驾驶员视觉垂直水平线上下20°,水平角度25°内是最佳视觉识别区域,在此范围内需要出现如:速度信息、电池信息、里程信息、简略导航信息、驾驶模式等关键信息供驾驶员在第一时间读取。在垂直范围30°,水平范围35°以内的区域为有效视觉识别区域包含了部分中央控制界面,其中需要有完整导航信息、空调信息、多媒体信息等二级信息。

(三)视觉范围内信息反馈特性

在驾驶室有效的视觉范围内(380—760mm),人类在HMI人机交互界面中会接收到数字、文字、图片、字母等相关信息的刺激,并且脑部对于光线反射强弱及各类视觉元素的信息接收做出的反应不尽相同。胡明辉在《人机交互等待状态的用户体验研究和设计对策》提到:“在交互设计中视觉接触的信息元素需要大脑进行不同反应、不同时间的处理。”HMI人机交互界面中出现的文字和字母往往在阅读过程中需要投入较多的注意力,其要求视线在中心视觉识别区域中精准扫描信息传入大脑中处理方可进行行为反馈。其中,文字、字母的大小规格、色彩等要素的不同在界面中会产生截然不同的视觉效果。

就生理角度来说，不同颜色及外部光线会对人眼产生不同的影响。李燕在《基于机车司机颜色偏好的驾驶室视觉界面优化设计研究》中提到："在HMI人机交互界面中，红、绿色光波是色谱中最亮的，也是人眼最容易捕捉的两个颜色，蓝色光波相对于前两个颜色的视觉灵敏度要低很多。"另外，当界面中色彩分布较为混乱时，人眼会优先捕捉光谱中较亮的色彩，如果突出色域的信息在界面中不重要，那么会产生给驾驶员信息接收混乱的效果，从而极大影响驾驶安全性，违背HMI人机交互界面的设计初衷。外部光线同样会影响视觉信息反馈，由于光线强弱发生变化，人眼在白天和黑夜鉴别事物的能力不尽相同。Xue Lian Zheng在*Analysis of Driver Visual Characteristics Based on FaceLAB*中提到："人眼处于夜间暗环境下，锥状细胞处于不工作状态，光源与环境强对比造成眼球杆状细胞负担过重，导致眼睛聚焦困难，继而无意识减少眨眼频率。"由此可见，相较于白天，夜晚车载界面的亮度应适当降低亮度并且避免高饱和度的元素出现。目前市面上大多新能源汽车HMI人机交互界面都具备日间和夜间的模式切换，其中部分界面采用降低亮度的方法来保证夜间行车安全，通常亮度需要降至日间模式的65%左右。其余部分厂家采用夜间日间界面切换实现界面的亮度改变，例如小鹏P7的夜间模式是将界面底色从日间模式的白色变成深灰色。该变化在保证驾驶安全性的前提下，亦增加了界面外观呈现的多样性。

分析出视觉范围特性目的是在设计过程中合理安排人机交互界面里信息的层级性，并且根据反馈机制充分考虑到在驾驶过程中操作的安全性，在保证使用功能性的前提下，以优化调研对象界面设计为目的。

三、车载HMI设计原则

（一）HMI界面设计安全性

在HMI人机交互界面中首要考虑的因素即是安全性，Manuela Quaresma在*Cocreation WorkShop for Interface Design-designing Innovative HMI for Automated Vehicles*文中提到："不管现在还是未来，驾驶安全性是汽车HMI设计考虑的首要因素，在高度自动化的未来汽车时代，智能驾驶仍然需要考虑到操作安全等基本问题，如何避免误操作和错误语音接收是设计师应当解决的痛点"。一辆时速60KMH的汽车在1—2秒内可以跑完60m左右的距离，据有关调查显示，用户将视线从路面移动到HMI界面上需要花费0.5—1.5s，这就要求交互界面内容分级必须明确，如果用户在界面上花费时间超过 2.5s，那么该行为将严重影响驾驶安全。

(二)HMI 界面设计便捷性

与视觉范围原理相同，交互界面亦存在一个热区范围，由于驾驶行为的特殊性，必要情况下驾驶员在驾驶过程中只能用右手短时间对中控界面快速操作。热区分为三个区域：最佳触控区域、易触控区域、较难触控区域。Yang Hao 在 *Exploring Relationships Between Design Features and System Usability of Intelligent Car HMI* 中提到："汽车内饰目前主要以 T 型仪表台布局为主，研究试图建立车载面板的设计特征与系统可用性之间的联系，并分析界面操作过程中距离远近与操作热区的关系。"结合文中观点，驾驶员的屏幕操作范围在身体不发生倾斜的条件下，以胳膊肘为原点，向右 15—50 厘米范围为可操作区，操作便利性以原点为中心依次向右递减，所以在排列界面信息重要层级的时候应该首要考虑操作的便捷性和驾驶的安全性。

(三)HMI 界面设计易读性

在界面中文字的大小决定了传递给用户的信息准确性，在规定的大小内较大较简洁的字句更会吸引视觉注意，此类字句传递的内容也应当是比较关键的信息；相对不太重要的信息应该用较小和较细的字体显示，非关键文字的位置也需要根据信息层级依次排放，大小有序的排版会增加界面易读性，缩短用户在使用期间的注视时间并且增加驾驶过程的安全性。

(四)HMI 界面设计易学性

《2022 中国新能源汽车发展趋势白皮书》中提到："2021 年中国新能源汽车产销突破 350 万辆，实现同比 1.6 倍的大幅增长。"中国身为世界第一汽车占有量大国，消费者分布各个年龄阶层：设计过程必须考虑用户受教育水平的差异性，最大可能地使用符合用户习惯交互方式，减少用户上手难度。随着屏幕尺寸变化和交互功能的增加，需要用户操作的功能也越来越多，因此驾驶员会受到复杂操作影响从而面临额外压力。

HMI 人机交互界面设计是以人机交互设计为理论基础，界面设计为技术呈现方式，本书主要针对比亚迪汉 EV 这款市场热门新能源轿车为对象展开设计工作。归纳出 HMI 人机交互界面设计的原则其目的是在设计过程中以理性的设计方法呈现出感性的设计理念，安全性是 HMI 人机交互界面设计的根，所有设计出发点都从安全为基点展开。以上四点均是 HMI 界面设计中不可或缺的因素，在后期设计过程中要落实 HMI 人机交互界面特性。

四、车载 HMI 主要设计要素

在新能源汽车 HMI 人机交互界面设计中图片、文字、整体界面会对用户的视觉感知形成不同的反馈效果。

(一)图片呈现对用户的影响

图片对比文字、数字更能传递出大量的信息，同时有效地让用户在短时间内脑部受到较强刺激，图片中信息复杂程度远低于文字和字母，图中传递的信息相对更容易被人的大脑接受，并且图像的出现能够充分缓解文字所带来的视觉疲劳感。

(二)字体呈现对用户的影响

字体信息大量充斥在 HMI 人机交互界面中，里程表、速度表、电量、音量、空调温度等信息都需要通过屏幕呈现，字体的形式感要根据汽车的产品调性单独设计。字体大小在界面显示中有相应的规范，默认字体一般会选择思源黑体作为车机主要字体，默认字体大小范围在 56px 以内，一级标题保持在 56px 或 46px之间，常规标题保持在 36px，同样一级内容最好和常规标题大小保持一致，二级内容大小一般为 30px，三级内容为 28px，辅助文案为 24px，标签类辅助文字用 20px(谨慎使用)。

字体用色必须遵守 WCAG 叫的行业标准，其目的是针对视障人士在 HMI 人机交互界面操作中达到功能无差别使用，WCAG 要求文本和底板需要有足够的对比度，最低要求的普通文本与底板对比度不低于 4.5：1，强烈对比度的比例不低于 7：1。字体字重指的是字体的粗细样式，最粗的字体不超过 900，最细的字体不低于 100，在界面排版的过程中较粗的字体影响整体画面的轻盈感，并且会造成信息阅读障碍性。

五、车载 HMI 设计形式的发展趋势

随着科技的不断进步和用户对智能驾驶体验的追求，车载 HMI 设计正面临着前所未有的发展机遇。HMI 作为展现汽车品牌理念和实现造型形式美与功能统一的关键，其设计语言的发展趋势值得深入探讨。

(一)多屏化设计形式的演进

1. 多屏化设计的背景与动因

随着智能化技术的蓬勃发展,车载显示系统正逐渐成为人机交互的核心硬件。为了满足用户对信息获取和娱乐体验的多元化需求,车载 HMI 呈现出多屏化的发展趋势。这一设计语言不仅顺应了车联网时代的发展趋势,而且有效降低了车企的制造成本和信息集成设计的复杂度。

2. 多屏化设计的布局与特点

当汽车内饰中出现两个或以上屏幕时,我们称为多屏化设计。这些屏幕通常分布在仪表盘、中央控制台和副驾驶台等关键位置,实现了信息的分区展示和操作的便捷性。多屏化设计不仅替代了传统的物理按键,更成了人车交互的重要介质,为新能源汽车赋予了未来主义的外观和科技感。

(二)平板化设计形式的创新

1. 平板化设计的先驱与实践

特斯拉作为最早采用平板设计的车企,其创新地将整个行车内容整合在中控平板中,实现了设计的简洁与功能的强大。这种设计理念不仅体现了品牌的极简理念,更推动了 HMI 设计的革新。如图 6-1 所示,特斯拉的 Model 3 和 Model Y 甚至取消了传统的仪表盘设计,将所有行车信息都集成在中控 Pad 上,这一大胆尝试为行业树立了新的标杆。如图 6-2 所示,在高性能版 Model 3 中,全车配置了前后双显示屏,让后排乘客也可通过 8 英寸触摸显示屏调节空调风量和加热座椅,连接蓝牙设备,访问娱乐功能。

图 6-1 Tesla Model 3/Y 的内饰中控屏

图 6-2　Tesla Model 3 高性能版的内饰前后平板

2. 平板化设计的优势与挑战

平板化设计以其直观、易用的特点受到了用户的青睐。然而，这种设计也面临着一定的挑战，例如，如何在保证设计简洁的同时，确保用户能够便捷地获取所需信息并进行操作。自主品牌的新能源汽车在采用液晶仪表加中控 Pad 的设计时，需要充分考虑用户的使用习惯和需求，以实现设计与功能的完美结合。

第二节　车载人机交互设计框架与方法

本节以国产新能源汽车的佼佼者代表——比亚迪 · 汉 EV 的车载 HMI 设计作为分析案例，通过结合市场分析法、商业环境研究、设计流程以及元素等方面，对比亚迪 · 汉 EV 的车载 HMI 设计方案进行分析，以此学习交互设计框架与常用方法在其中的应用形式与方法。

一、基于 SWOT 的比亚迪 · 汉 EV HMI 设计

市场分析法是企业或个体对于自身策略或者产品研发进行系统性评估对比的分析方法，其结果可落实于切实行动方案之中。目前自我分析法是企业或个体在商业市场中战略组成的重要一环，将其运用在比亚迪汉 HMI 人机交互界面设计中能提供有效思考及后续设计提供良好理论支撑。

（一）SWOT 市场分析法原理及要素分析

SWOT 市场分析法是由美国旧金山大学管理学教授海茵茨 · 韦里克在 20 世纪 80 年提出，理论在 1982 年 *Long Range Planning* 第 15 卷，第 2 期上的论

文中提出。在此次研究中通过SWOT分析法能够清晰了解到调研对象存在的优劣之处,并将设计注重于强项和发展机会最多的地方,让HMI人机交互界面设计更具备更好的品牌特色及产品体验感。SWOT市场分析法中每个单独字母分别对应一种分析方法。其中“S”代表着英文“Strengths”,意为优势;“W”代表“Weaknesses”,意为劣势;“O”代表“Opportunities”,意为机会;“T”代表“Threats”,意为威胁。目前SWOT市场分析法广泛运用于各种社会场景,其不仅能够运用于商业市场环境下公司综合发展的战略分析,还可以针对市场产品前期研发考察、教育体系学科发展、体育运动项目发展等领域做出科学分析。将SWOT市场分析法运用于该课题研究中能让比亚迪汽车HMI界面设计有综合的案例对比及过程思考,使其更具备科学的思考及落地可能性。在比亚迪汉EV HMI人机交互界面设计思考过程中要清楚以下三个点:

1.创新度

如果再设计的汉EV界面创新度不偏离市场和品牌的发展轨道,那越前沿的界面设计越容易吸引受众的消费,从而建立自身的产品优势。

2.不可复制性

针对研究对象所设计的界面设计在符合市场审美的同时要考虑自身的界面设计具备较少的可复制性,假设此次研究对象为比亚迪旗下的轿车——汉EV,界面设计越是能看出产品的风格调性,即越不具备可复制性,同时在市场的潜在竞争价值就越大。

3.持续性

现如今的新能源汽车人机交互界面发展与手机的发展历程极其相似,且未来两个行业发展态势会愈发接近,新能源汽车上的人机交互界面会通过OTA技术(“Over The Air”隔空升级技术)进行阶段性持续更新。那么界面设计风格在长期OTA技术的加持下能否具备风格的持续是反映设计价值的基本方法,反之会直接影响到产品的用户黏性和品牌影响力。

(二)SWOT矩阵分析法下的策略制定

SWOT矩阵法分析过程中需要结合内部、外部因素形成2×2矩阵模式分类进行辩证评估:优势机会分析(“SO”战略)是把握自身优势并抓住市场机会的分析模式,威胁劣势分析(“WT"战略)则侧重规避自身弱势和外部威胁,“SO”加上“WT”战略内外结合形成“扬长避短”模式;机会劣势分析战略(“WO”

战略)主要着眼于调研对象自身实力以及竞争对手的比较,通常将其归为内部因素;优势与威胁战略("ST"战略)着眼于调研对象外部环境的变化,其为外部因素。在SWOT矩阵分析之前针对调研对象的每个字母代表部分做出详细阐释:

"S"优势部分:目前比亚迪DiLnk4.0在HMI人机交互界面设计领域中的优势在于"中国美学"旗下产品分为"王朝"和"海洋"两个系列,前者强调中国美,后者强调环保。当前在新能源汽车市场中做到两者概念结合的品牌独有比亚迪一家,且"中国美学"这一概念更是独树一帜(图6-3)。

"W"劣势部分:在传统燃油车的界面设计惯性下,目前汉EV的界面设计风格科技感不够。例如特斯拉Model系列和调研对象对比,二者存在鲜明的设计差异,汉EV的信息显示和UI设计较同级产品稍显落后,各种驾驶模式的视觉冲击不大,品牌辨识度不高。并且汉EV的HMI设计的界面和信息架构和竞品间有一定差距。

"O"机会部分:目前在各大汽车交流平台都存在对汉EV中国美学肯定的评价,部分消费者认为其内饰设计以及外观"Dragon Face"已形成旗舰设计体系,但在HMI人机交互界面设计部分还和整体形成呼应。因此界面设计部分与中国美学的结合是今后汉EV在市场中同竞品间脱颖而出的战略优势。

"T"威胁部分:市场中定位于旗舰水平的新能源汽车都有各自突出的优势,目前比亚迪汉EV在国内销量位于前列(主要原因是比亚迪有独家三电技术),但对比特斯拉的销量仍然有一定差距。据美国汽车数据网站Statista统计,特斯拉汽车在全球销量持续向好,网站总结在大好销量的背后是其先进的技术和革新的中控界面吸引着更多消费者购买。比亚迪汉若想在全球市场进一步扩大销量需要在界面设计部分突出自身品牌更多的特色。

图 6-3 比亚迪官网中的"王朝"与"海洋"产品系列

基于比亚迪汉 EV 的 SWOT 矩阵分析：

“SO”：在 HMI 人机交互界面设计中结合自身优势和发展机会，在设计实践中着重 App 界面、车机界面或 IP 设计的中国美学元素融入，如中国红、山水、柔线等物象抽取，同时也要顾全品牌价值的附加，让 HMI 人机交互界面与汉 EV 整体设计有更好的视觉统一感。

“WT”：在汉 EV 设计过程中需合理调整研究对象 WT 部分，例如，汉 EV 目前在仪表盘界面设计整体 UI 部分都弱于竞品，甚至拉低整车设计水平；车内语音助手形象还未与小鹏、理想汽车等自主品牌 IP 对齐，品牌 App 也未打造；在当下 HMI 人机交互界面设计多屏化趋势下，整体缺少副驾驶娱乐系统屏幕的补充，可增加屏幕以提升整车科技感并合理区分中控区域及副驾驶娱乐区域的信息架构。

“WO”：目前汉 EV 在宣传口号中以“上打合资，下斗自主”为定位，其在市场定价中主要对手是特斯拉 Model 3、小鹏 P7 及今年刚发售的生力军长安深蓝 S103 三款新能源轿车。特斯拉的人机交互界面设计属于极简风格，将信息以层级进行精简，去除多余装饰，强调功能分区和精准操作。小鹏 P7 同样以简洁、干净的界面设计为主，悬浮的操作菜单同时突出了视觉层次感。前两者都以精简设计为主，汉 EV 在后期设计过程中可另辟蹊径，抓住中国美学的市场痛点，在竞品对比中独树一帜。

“ST”：ST 主要聚焦于外部因素的调查，在第二章提到过目前新能源汽车 HMI 人机交互界面的设计语言主要以多屏化、平板化设计为主。据全球数据平台 MarkLines 统计，国内市场审美趋于多样化选择，一方面大屏化、多屏化的设计趋势照顾了消费群体的情感化需求，另一方面也能在界面设计的过程中展示出品牌理念和品牌之间的差异化。

因此，通过 SWOT 矩阵分析比亚迪汉 EV 的 HMI 人机交互界面设计得到以下策略：

①在设计过程中充分利用比亚迪自主生产的品牌优势，将中国美学融入其中，在车机界面、App 界面、IP 设计中抓住市场痛点，在保证 HM 界面设计法则的情况下，尽可能展现中国和品牌独特的物象元素。

②在后期设计中汉 EV 需要加强对于 UI 的统一化、品牌化做统筹调整，且语音助手形象设计是汉 EV 当前与竞品相比欠佳的部分，在设计实践中会实现

当前比亚迪语音助手“小迪”的形象和中国元素的融会贯通。

③对于再设计的比亚迪汉 EV 界面形式，会尝试目前多屏化的设计思路，以“去实体按键”为思路，将分区内容整合在相应区域内，在优化信息架构的前提下，将内容表现于屏幕中，具体设计会将屏幕分为四个部分（仪表盘、中央控制屏、副驾驶娱乐屏幕、功能屏幕），为汉 EV 的 HMI 人机交互界面设计做出更具备科技感的视觉既视感。

二、汉 EV HMI 设计策略

如何营造一个吸引用户和市场的汉 EV 人机交互界面设计是设计重点，在把握好基本设计要素后，从中国美学为设计核心，以增加传统元素及现代界面设计为手段，提升用户忠诚度和对品牌的认可度。设计风格如图 6-4 所示。

图 6-4　比亚迪 · 汉的最新界面设计风格

（一）基于 HMI 界面原则下的汉 EV 界面元素设计

根据 HMI 人机交互界面设计要素，字体大小、形式及界面中图片的大小是组成 HMI 人机交互界面设计的主要视觉元素。在汉 EV HMI 人机交互界面设计过程中针对字体字号，页面最大标题维持在 50px 左右，此字号能让用户在第一时间看到想要的信息分区；最小的文字维持在 24px 以上，例如界面中三级标题中的注解等；常规的说明性文字以 36px 及 30px 两种字号为准，36px 运用于主要内容，30px 运用于次要内容。

针对字体形式，汉 EV HMI 设计里中文统一用业界默认字体“思源黑体”为准，英文字体以“Roboto”为准，两个字体之间结合无违和感，在同一界面内呈现效果稳定。

图片的视觉冲击总是大于文字带来的影响，在汉 EV HMI 界面设计中对于图片应用，在设计中应避免界面内运用高饱和度的图片、图形，减少图片对驾驶者的视觉干扰，并且 HM 界面中始终保持色彩一致性。

最新的 DiLink 4.0(5G)系统也更新了 UI 界面，总体视觉风格更符合当代年轻人的审美偏好。此外，其新增的深浅显示模式支持基于情境感知的自适应切换，可根据所在地的日出日落时间来调整系统的深浅色模式，与背景情境的时间与氛围同步。在具体菜单的元素设计上，界面 UI 整体采用扁平化设计语言，同时将二级菜单信息进行全展示，信息的层级划分与展示方式更清晰，也更便于行驶中的快捷操作与盲操。

（二）基于多屏化的 HMI 界面设计

根据市场分析结果，大多用户对于屏幕样式倾向于多屏化设计的"T"字设计，在市场中该种形式的界面设计一般由仪表盘界面、中央控制界面、副驾驶娱乐界面及功能屏幕四个分区构成一个形似英文字母"T"的屏幕样式。

在 T 字屏幕中，左侧是独立仪表盘，中间平行于仪表盘台的屏幕由中央控制界面及副驾驶娱乐界面共同组成，在中央控制界面下方是功能界面分区。本次课题界面设计内容就由四个分区组成的多屏化"T"字屏幕形式为载体呈现。

（三）基于中国美学的比亚迪汉 EV 设计理念

结合 SWOT 矩阵分析法，加之比亚迪本为中国自主研发新能源汽车的车企，品牌密切围绕中国元素设计，旗下王朝新能源系列汽车以我国各朝代为灵感命名，王朝系列包括紧凑型轿车"秦"、小型 SUV"元"、紧凑型 SUV"宋"、中型 SUV"唐"、MPV"宋 MAX"及此次课题研究对象"汉 EV"，比亚迪通过旗下车型和中国历代王朝的紧密结合来占据当前市场空缺的中国美学设计汽车领域。汉 EV 是王朝轿车系列中的旗舰车型，汉代是继秦朝之后又一个大一统王朝，车企意图将朝代力量赋予在旗舰的轿车上，让汉 EV 在 C 级车市场中成为佼佼者。基于当前汉 EV 设计元素，再融入新的中国美学设计理念，使全新设计的 HMI 人机交互界面设计与汉 EV 原本设计理念更融合。汉 EV HMI 设计理念："流"是一个状态亦是一个动词，世界万物无时无刻不在运动，物体流动形成抽象的律动线条，线条在流动中有柔的物象，这正是中国传统文化，内涵、写意而不失典雅的表现。

将充满写意且极具中国美学感的主题——"流"作为设计的理念贯穿整个设计实践过程，让设计充满一种抽象的美，蕴藏着含蓄美的同时旨在为用户提供"行云流水"般的使用体验感。在色彩选取方面，HMI 人机交互界面设计中默认主题颜色的命名和选取会参考中国传统配色的颜色来进行，利用色彩的特性和中国美学的独特化学反应，营造出极具东方之美的界面氛围，增强品牌认同感和产品附着力。

三、汉 EV HMI 设计的主要步骤

设计步骤是反映设计条理性的有效途径，通过前文汉 EV 界面设计的策略制定，本节对设计步骤做出一个思维导图，以完成对设计步骤的框架构造。此课题界面设计步骤分为信息架构及界面设计两个部分。信息架构部分着重表述各分区内部的信息搭建，通过信息层层分级，做到符合人机交互原则和好用性的信息搭建，改善汉 EV 目前存在部分信息架构混乱的问题；界面设计部分以信息架构为基础，着重对于界面设计元素做架构分析，明确设计的重点。

（一）汉 EV HMI 信息架构

目前市面上车机系统都是基于 Linux、安卓、黑莓、微软四类平台开发而来，其中 Linux0 是用户最青睐的车机信息开发平台，信息架构是通过整合现有汉 EV 车机信息架构及对比 Linux 开发的车机信息架构完善而来。

汉 EV 人机交互界面信息架构根据设计策略中设想的界面分区分为仪表盘、中央控制、副驾驶娱乐、功能屏幕四个界面分区。

仪表盘界面中分为运动模式、常规默认、夜间模式三种显示界面，在每种模式中包括导航界面和常规行驶信息两种仪表模式，其中运动模式下仪表界面有一个特殊的“运动专注模式”，在此模式下界面会主要显示与运动元素相关的汽车信息，有助于驾驶员更专注的驾驶车辆。

中央控制界面是综合汽车信息的界面模块，其需要囊括导航、多媒体、车辆信息、辅助驾驶等诸多复杂信息集成；副驾驶娱乐系统是一个集合娱乐信息为一体的界面，在此界面可以调整车内氛围灯颜色、选择音乐、电台或者电影来营造当今车联网红利下的车内充分的智能娱乐环境；功能屏幕顾名思义是将车内主要热区功能呈现于一体以提升操作效率的界面，其中包括车内空调信息、座椅调节、汽车硬件调节等信息。有效的信息架构能为界面设计提供良好的思路支撑，给予设计师在设计过程中足够的参考。

（二）汉 EV HMI 设计架构

汉 EV HMI 人机交互界面设计基于前文信息架构而来，设计会针对信息架

构的四个分区展开。

设计或确定符合行规的字体并规定字重、字号等相关系信息；界面颜色是确立整体视觉感受的重要元素，颜色会以中国传统色彩进行命名，在保证界面审美的前提下，最大可能将中国元素和品牌相结合，界面样式会根据四个不同界面单独设计，将每个分区信息整合后设计出相对统一的风格界面，保证设计做到统一化、品牌化，在界面与界面转换间做到无违和感；界面中最常出现的元素除了字体就是标识，在标识设计中需要对法律法规强制限定的标识做统筹规划，另外根据空调、多媒体、车辆信息等主要界面进行系列标识设计。另外，在视觉规范中加入了 AI 语音助手和移动端 App 的界面设计，其目的是增加用户与汽车间的沟通，从而提升汉 EV HMI 设计的产品附加值。在界面设计后期会针对界面设计做部分交互动态展示，包括开机界面、仪表交互、界面切换、多媒体交互都会以动态方式呈现。

结合 SWOT 矩阵法的市场分析法，分析出市场痛点并归纳出基本设计思路，强调设计中需要带有中国美学元素，如主题色彩采用中国传统颜色命名，界面元素引入传统文化山水概念等。基于前文车载 HMI 设计原则，对界面内元素颜色、大小等做出规定，配合市场分析结果，确定界面设计的形式载体，并提出 HMI 人机交互界面的设计理念，为实践部分作充分铺垫，最后在界面设计策略中以思维导图的方式展现设计的步骤，为设计实践部分提供框架参考。

第三节 车载人机交互界面设计策略应用

一、设计实践计划

(一)交互设计规划

为了更好地研究笔者提出的设计策略是否对于自动驾驶系统的信任校准有意义，采用优化设计的方式进行对比实验，保留选定智能汽车的基本功能、硬件配置和界面设计风格，在原有驾驶系统的基础上进行信任校准的设计优化，设计完成后通过信任度测试来验证设计策略的有效性。

该设计实践的应用涉及汽车的中控屏界面、仪表盘界面和手机 App 界面，不同自动驾驶功能涉及的屏幕数量不同。小鹏 P7 的中控屏和仪表盘屏幕尺寸分别为 14.96 英寸和 10.25 英寸。仪表盘上的功能大多不可交互，少部分可以通过方向盘上的按键进行功能开启关闭，中控屏由驾驶员触屏完成操作，自动驾驶系统的所有功能都可以在中控屏中进行设置。

首先对小鹏 P7 的中控屏和仪表盘基于用户体验和可用性进行优化设计，目的是为之后的几种自动驾驶功能设计实践提供合理的空间和操作逻辑，然后根据优化后的系统架构对上文提到的三种自动驾驶，功能进行交互的优化设计。因此设计实践内容包括：①中控系统和仪表盘系统的交互设计优化；②自动辅助变道功能交互设计优化；③自动泊车功能交互设计优化（中控屏和手机 app）；④自动导航辅助驾驶功能交互设计优化。

（二）设计策略应用

首先，会根据驾驶场景和用户行为分析得到功能架构，该设计策略提出的基于全新的自动驾驶系统设计，而优化设计对象小鹏 P7 已经是一款比较成熟的车型，基于大量的调研和竞品分析得到了现有的设计功能架构，为了保证设计实践在后续测试更加准确，笔者在该部分直接选用小鹏 P7 原有的功能架构代替调研结果，在原先的功能架构基础上进行信任校准。得到特定功能的信息架构以后，笔者将根据基于 SAT 模型提出的设计原则完成信任校准，从信息架构的层面对与信任建立相关的因素进行补充，让驾驶员能够始终保持对系统行为、系统意图的认知水平，达到系统与驾驶员共同决策，安心驾驶的目的。

其次，会根据设计学方法对交互界面进行视觉和动效设计，在设计风格、动效设计上尽可能保留与小鹏 P7 相同的风格，采用原先的屏幕尺寸和比例，结合用户驾驶行为分析，优化交互流程和操作逻辑。

二、中控系统和仪表盘系统的交互界面优化设计

（一）中控系统界面优化

1. 页面信息架构

本节通过实际调研，得到了小鹏 P7 的中控系统的页面信息架构（图 6-5）。小鹏 P7 的天玑系统通过分屏多用，基于“行驶导航＋应用”的分屏形式支持主副驾驶同时操作，互不干扰，满足不同场景下的车内交互需求。中控系统上主要用于呈现系统的自动驾驶功能、辅助驾驶功能（例如导航等）、车辆控制功能、娱乐功能等模块，界面的布局主要分为三个部分，分别是导航栏、状态栏和内容区。

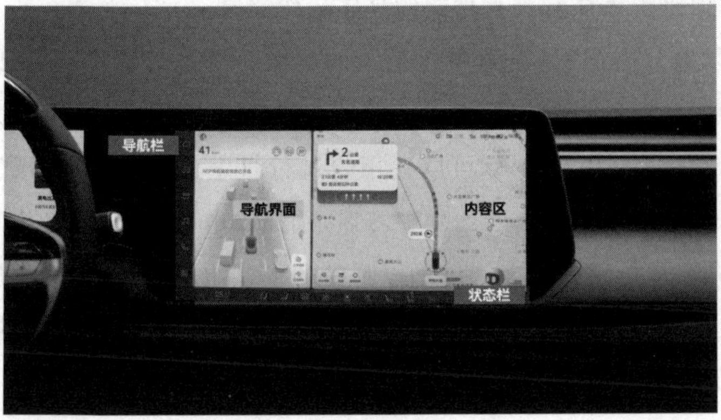

图 6-5　小鹏 P7 中控屏页面

2.界面布局分析

小鹏 P7 的中控界面，其菜单栏设计在左侧，不同功能窗口以弹窗形式叠加在主界面上。中控系统的导航栏靠左排布，顶部为状态栏，界面主要被分为两个区域，右侧显示当前正在操作的功能，左侧用卡片的形式呈现常用功能和后台运作的功能。

该中控系统在交互过程中一共有三种页面布局形式，第一种为功能选择页面，也是用户在大多数使用期间所看到的见面布局形式。这种布局的优势在于用户可以自定义左侧的功能卡片，能够比较方便的寻找到目标功能，在查看当前功能时，也能够同时看到后台运作的其他功能状态。根据中控界面交互热区分析，该布局的设计也人性化的考虑到了用户的操作习惯，中控屏幕位于驾驶员右侧，导航栏和功能卡片的设置位于操作热区，便于用户选择功能，但是缺陷在于，用户在使用当前功能的时候都需要在右侧完成交互，而该部分只占了中控屏幕的三分之二，在不更换其他功能时，左侧的卡片功能处于占据界面的闲置状态。并且屏幕显示的信息比较繁杂，会给驾驶员驾驶带来一定程度的认知负荷。

第二种页面布局呈现于选择核心功能，例如车辆设置、空调设置等，该功能的细分种类较多，该系统采用弹窗的形式覆盖在上一功能，便于用户在设置完以后返回到上一层，但缺点类似第一种页面布局，界面由于窗口的堆叠显得较为复杂，使用体验造成一定程度的下降。

第三种页面布局呈现出次级功能，功能比较简单因此不需要标题栏，弹框形式覆盖在上一功能，占的面积比较小，用户的操作区域受到限制，虽然易于返回上一层，但是也无法看到其功能的具体运作情况。

根据以上分析内容，再对中控系统的页面布局进行优化，保留原本系统的功能，对功能模块的布局进行调整。将导航栏调整到下方，并区分为常用栏和非常用栏，常用栏的功能图标可以让用户进行自定义，该部分区域为操作最方便的区域，用户可以根据自己的驾驶习惯，选择将电话、音乐或者汽车灯光设置等功能布局在该位置。功能详情不以弹窗的形式出现，功能分为全屏和卡片两种模式，在卡片单元内用户可以同时看到两个功能的运行情况，全屏模式则可以让驾驶员沉浸式的探索单独的功能。页面效果更加简洁。功能的切换可以用左右滑动的方式，顺序与图标同步，以此优化交互逻辑，降低用户的学习成本。

3.界面层级分析

汽车系统的交互设计需要尽可能地减少页面层级，让用户能够用最高效的方式找到需要的功能，系统本身较为复杂，不同汽车品牌的功能也各不相同，合理的功能布局和操作逻辑会在很大程度上影响用户的体验。过于复杂和令人疑惑的设计也会让用户对系统产生不信任和沟通上的障碍。小鹏 P7 的中控系统页面层级有很多功能都是以弹窗的形式呈现，不能布满屏幕，虽然能够提醒用户随时可以返回上一功能，但是由于浮窗遮挡，用户也不能同时看到先前功能的运作状况。

因此对系统层级进行了优化，减少弹窗的呈现，避免窗口堆叠，缩短交互时间，优化卡片形式，提升屏幕使用比例，结合上一部分提到的功能布局优化方案，得到了优化后的系统层级。

4.界面优化设计及说明

(1)配色方案

在配色方面保持跟原系统一样的风格，白蓝配色为主，蓝色为品牌颜色。其他颜色主要考虑使用时的实用性，色彩搭配遵循习惯性的引导，规范颜色常态化，其中绿色表示汽车驾驶运作一切正常，各个功能处在安全正常的状态。红色表示严重的警告信息，需要驾驶员第一时间引起注意。界面整体的装饰性较弱，采用简洁明朗的配色方案，以实用性和易用性为主。

(2)界面文本及图标

选择与小鹏 P7 原本的中控系统的相近的文本字体和图标类型，保证在设计风格界面上跟之前保持一致性，降低对本设计策略研究的影响。

(3)中控交互方式

操控中控界面的方式有三种，第一种是驾驶员直接用手指触屏操作，第二种是通过语音完成部分指令，第三种是驾驶员通过方向盘上的按键来完成一些指令。第一种方式能够操作中控系统中的所有功能和设定，后两种方式是为了驾驶员在驾驶过程中考虑，通过听觉和触觉的方式简化操作流程。

(4)界面设计

考虑到小鹏品牌针对的用户是以年轻人为主的喜爱智能产品的用户，界面的色彩和元素设计以清爽简约的风格为主，显示本车的驾驶里程数据和外观形态，以蓝绿色的模糊色块代表系统本身，表明中控系统已经正常开启。

驾驶员最常用的功能是地图导航，小鹏 P7 的屏幕尺寸相对较大，能够很直观清晰地展现当前位置和周围环境，在左侧设置用户驾驶常用位置，和附近的热门地点，主要选择功能都放在屏幕左侧，便于驾驶员操作。

选择好目的地以后，界面显示导航路线和对应的时间距离，便于驾驶员对整体行程有更好的掌控。在导航过程中来电显示，为了降低驾驶员误操作概率，将接听的按钮相对放大，挂断按钮使用的频率不高，因此按钮设计较小。

完善了原功能卡片的页面，左下角的标题栏点击均有两种状态，单击显示竖版页面，功能相对精简，双击全屏显示，便于驾驶员进行详细的设定，这样可以让驾驶员在简单操作开启或关闭某些功能时更加便捷。同时，小鹏车内中控屏界面首次推出 xdock 超级桌面，可支持用户根据场景特点和习惯偏好对桌面底部的 dock 栏进行 2＋19 的增删重排自定义，2 个固定图标可以更改位置、19 个自由位置可自由添加删除，定制符合自己使用习惯的车载中控交互桌面，如图 6-6 所示。

图 6-6　小鹏 P7 支持用户定制化的 XDock 中控屏超级桌面

智能汽车的功能设置往往比较复杂,功能卡片的设计在视觉效果上更加简洁,对于初次使用该功能的驾驶员而言更容易学习和操作,也能够将功能集中起来进行设置,更加直观,清晰易懂。同样自动辅助驾驶功能的理解更需要直白准确的解释。

(二)仪表盘系统界面优化

1.页面信息架构

通过实际调研,得到了小鹏 P7 的仪表盘的页面信息架构,仪表盘界面的信息左侧为里程相关数据,右侧为娱乐信息,中间显示汽车的实时驾驶状态,顶部图标显示汽车的状态。

2.界面布局分析

小鹏 P7 的仪表盘界面,汽车驾驶相关的图标显示在界面上方,对应的图标亮起的时候表示驾驶员已开启该功能或有警示需要处理。默认状态下左侧为驾驶里程信息,右侧为娱乐媒体信息,中间显示汽车的实时驾驶状态。

该布局同传统的仪表盘类似,能够满足驾驶员的基本功能需求,在信息分区上也比较清晰。考虑到后续的设计中需要增加一些用户信任校准的信息内容,这些信息与自动驾驶功能强相关。大部分自动驾驶功能的设置和显示都是在中控界面上的,而中控屏幕位于仪表盘屏幕的右侧,考虑到小鹏汽车界面布局情况,将娱乐媒体信息布局在仪表盘左侧,里程和驾驶功能信息放在仪表盘右侧,方便与中控屏幕信息一同查看,增加的自动驾驶功能相关信息也放置于仪表盘的右侧,为了更明显的区分自动驾驶功能的开关状态,仪表盘也增加了自动驾驶模式,在信息显示上更加直观。

3.界面层级分析

仪表盘作为不可操作的界面,在层级上保留跟原界面相同,功能模块的位置进行了调整。

4.界面优化设计及说明

仪表盘的默认驾驶状态,右侧显示导航信息,道路限速情况和相关指示信息。速度增加了安全颜色,当前速度接近或超过道路要求时,会基于驾驶员相应的提示,左侧的驾驶里程信息也进行了数据可视化处理,将驾驶员比较关注的本次驾驶里程和当前汽车电量和剩余里程数主要呈现,其他信息弱化显示。导航指令提示显示在右侧,隐藏地图导航的全部信息,更加纯粹简洁,让驾驶员能够及时完成当前指令，如果要查看具体的地图信息，仍然可以在中控屏幕上看到，不会妨碍驾驶员看地图。

同时为仪表盘设计了夜间模式的界面，将界面上的关键信息以亮色反差提醒，保证驾驶员在夜间也有安全舒适的驾驶体验。

三、情境 1——自动变道时的 HMI 设计优化

（一）功能说明

在汽车速度达到 65km/h 以上时，可以开启该功能，驾驶员打转向灯以后，汽车会自动变道，系统帮助驾驶员执行变道操作。系统通过侧方的雷达传感器和摄像头来监测侧方来车情况来判断此刻是否符合变道时机，如果环境安全，系统自动进行变道操作；如果不安全，会亮起后视镜的盲区预警灯提示驾驶员，等待旁车驶离后，再执行变道。

（二）交互流程分析

首先用户需要打开大屏车控里的自动变道辅助功能（ALC）开关，这个功能默认设定为关闭状态。这个功能的启动是建立在开启车道居中辅助（LCC）功能之后，所以我们先向下拨动 2 挡位拨杆开启 LCC 功能，等车速达到 65km/h 以后，再查看后方是否有车辆，可以通过查看后视镜是否有黄色警示灯亮起（亮起表示，侧方盲区有往来车辆，需等待），若没有警示灯，就可以打开转向灯，等待系统完成变道操作。如果先打开转向灯的话系统会自主判断后方是否有来车，若有车则系统会先避让车辆，等车辆离开以后再完成变道操作。ALC 变道没有改变驾驶员变道的原始习惯，而是帮助驾驶员判断周围环境，通过盲区预警灯高速驾驶员当前是否安全，并代替驾驶员执行变道操作。让驾驶员由原来的变道任务执行者，变成指挥者。

（三）用户体验地图

自动辅助变道功能的执行可以根据驾驶情况分成三个阶段，分别为自动变道之前、自动变道过程中和自动变道完成。在自动变道之前，驾驶员首先由于周围路况产生变道需求，手动变换车道需要驾驶员同时操纵车速、汽车转向，关注多个车道上的车流信息，驾驶员可以利用自动驾驶系统功能完成自动变道，能够简化自己变道的步骤和流程。在第二阶段自动变道过程中，驾驶员首先打开自动驾驶功能，然后观察系统的操作行为和周围路况，等待变道环节完成。

系统会识别车道线以及周围车辆位置，控制汽车方向和速度来完成变道行为。驾驶员在该过程中需要了解系统识别的情况以及实时操作情况，包括对下一步行为的预测，能够让驾驶员确定是否与自身预期相同，以此保证驾驶安全。第三阶段，即自动变道完成，系统会将驾驶任务交由驾驶员操作，或恢复到其他的自动驾驶模式中。模式的切换和关闭以及需要驾驶员完成的行为，需要给予明确提示。

（四）信息架构的信任优化

自动辅助变道功能主要呈现在仪表盘界面上，娱乐信息放置在仪表盘的右侧，导航驾驶等，功能提醒放在左侧，在原本的仪表盘界面上增加了方向盘旋转的图标和左转向标志，标记了当前识别到的其他汽车位置，和汽车预计变道的位置。

针对驾驶信任的设计原则，需要在系统界面上显示系统当前的行为和背后逻辑，以及后续行为逻辑，能够让驾驶员根据系统能力来调整对系统行为的期望，达到信任校准的目的。结合实际调研和信任校准设计原则，原本的信息架构中缺少系统对驾驶员以下内容的提示（部分信息缺乏更为细节的提醒）：本车在其他车辆影响下的驾驶决策变化、当前识别到的车道和车辆环境信息、变道决策的具体状态和当前环节，以及需要驾驶员进行操作的特殊提醒，最终得到了优化后的自动辅助变道功能的信息架构。

（五）界面设计

仪表盘的自动辅助变道功能的仪表盘界面优化设计，将仪表盘界面分成了四个部分，左侧是非驾驶功能显示区域，显示当前驾驶员的娱乐信息功能或者通话状态，中间位置的重要性最强，放置车辆及周围环境的模拟状态，车道、预计完成变道的位置、周围车辆探测状况都在该部分显示。强化了车道的显示。取消了导航部分的信息，因为该部分在中控屏幕有重复信息出现，并且在执行变道这个单独的驾驶任务时，暂时减少对导航的关注程度，将变道任务当前执行状况，方向转向状况（包括当前和预计）呈现在右侧，对应信息架构中增加的信息内容。最后增加了第四个区域也就是自动驾驶模式，用该状态提醒驾驶员当前处于自动驾驶状态，由于笔者在实际调研过程中发现很多车辆在自动驾驶功能开启和关闭的时候会比较突然，接管过程没有缓冲，有时遇到意外情况退出自动驾驶功能只有语音提示，而在环境比较嘈杂的情况下容易被忽视，因此增加了该色块用于提示驾驶模式。同时用色彩的色相来提示驾驶员当前是否安全。

根据实际中自动变道过程可能会遇到的情况，将流程分为了以下五种状况：

1. 正常变道

开启自动变道辅助功能以后，系统按预定计划顺利完成变道。

2. 后方来车

开启自动变道辅助功能以后，系统发现后方有来车，将汽车位置呈现在界面上，标注当前车道为不可变道状态（红色），告知驾驶员当前决策为避让车辆稍后变道。避让后，重新执行变道功能。

3. 合流变道

开启自动变道辅助功能以后，系统探测到车道被占用（例如还有其他车辆准备变换到该车道），系统呈现其他车辆位置，标注当前车道为不可变道状态（红色），告知驾驶员当前角色为避让车辆稍后变道，然后重新执行变道功能。

4. 取消变道（意外情况）

在自动变道辅助功能执行的过程中，由于路况过于复杂或其他原因，遇到系统无法处理的状况，提醒驾驶员接管汽车，退出变道功能，相应的显示导航功能。

5. 取消变道（正常情况）

在自动变道辅助功能执行的过程中，驾驶员踩刹车或者转动方向盘都可以随时中止变道功能，恢复到原始界面，显示导航情况。

四、情境2——自动泊车（AVP）HMI设计优化

伴随自动驾驶技术的不断成熟，智能泊车系统逐渐从概念走向落地，也成为当下诸多车企争先关注与重点竞争的热门技术赛道，更成了车载HMI设计中用户十分关心的重要功能情境之一。

（一）功能说明

自动泊车（Advanced Vehicle Parking & Automated Parking Assist，AVP&APA）功能首先根据雷达探测和360度影像鉴别出可用停车位，之后系统会标记出识别到的尺寸合适的空车位，驾驶员可通过中控屏幕或手机发送泊车指令，系统将自动把汽车泊入车位。自动泊车功能目前支持两种方式，一种

需要驾驶员发出泊车指令以后坐在车内监控汽车的泊车过程，另一种为远程泊车辅助系统，驾驶员在选择停车位后即可下车，此时驾驶员可以通过手机应用来了解汽车的驾驶策略。

自动泊车功能的原理是汽车使用超声波雷达检测库位，根据计算到的距离和大小规划泊车轨迹，再控制方向盘、变速箱等完成自动泊车。在泊车过程中，汽车会实时感知环境信息，实时修正泊车轨迹，避免碰撞。

这项技术目前已较为成熟，能够在很大程度上解决新手驾驶员停车难的问题，也可以为老手驾驶员带来很大便捷，在未来自动泊车功能将会达到汽车将驾驶员送达目的地以后，自动去附近寻找停车点并完成停车操作，驾驶员需要出行时远程操控汽车泊出。使用功能的过程中，驾驶员只能通过手机远程了解汽车当前的运作状态，在远程遥控汽车时，驾驶员离开汽车以后也无法像在车内一样进行实时干预，因此信任问题的解决是很有必要的。

（二）交互流程分析

用户有几种方式可以开启自动泊车功能，当驾驶员位于车内时，可以点击屏幕 P 按键或用语音方式开启功能，然后让汽车在有停车位附近的道路上以小于 24km/h 的速度行驶，当车辆发现可以停车的车位后，会在中控屏幕上标注出可停车的车位，选定以后，按屏幕上的“开始”按键，然后切换到 P 挡即可开始自动泊车。驾驶员也可以在选定车位以后，下车并打开手机 App，点击手机屏幕上的“开始泊入”即可。

（三）用户体验地图

自动泊车功能可以分为三个阶段，分别为自动泊车之前（寻找停车位）、自动泊车过程中和自动泊车完成。在自动泊车之前，驾驶员驾驶车辆在停车场附近低速行驶，系统探测附近可用车位，将探测结果呈现在中控屏幕上，探测到可用车位以后，驾驶员可以在屏幕上点击选择相应的位置。在该过程中驾驶员对于功能的期待值相对较高，车辆在探测停车位的阶段技术难题较低，对界面的要求也较低，显示清晰美观即可。在驾驶员选择停车位后进入下一阶段，此时驾驶员可以选择是否在车内等待泊车完成，若驾驶员在车内则可以通过中控屏幕了解到当前的驾驶行为，若驾驶员选择在旁边观看则可以通过手机遥控了解和操作汽车行为。汽车泊车过程中驾驶员最担心的问题就是与其他车辆或者障碍物发生刮擦造成财物损失，因此需要在界面显示的信息中让驾驶员了解到当前的驾驶行为和下一步的操作，以此来让驾驶员预测泊车过程是否安全。当驾驶员手动泊车时，会在脑海中形成泊车策略，在泊入过程中根据实际情况不断调整策略保证汽车安全泊入。系统自动泊车也是如此，驾驶员需要了解到泊车的过程及预测状态，可以在屏幕上以图像的形式呈现，来让驾驶员判断是否符合心理预期，判断系统能否安全完成任务，并当驾驶员发现系统情况出现意外时能够及时接管，无论在中控屏幕还是手机界面都需要能够达到同样的目的。

（四）信息架构的信任优化

首先对中控屏的自动泊车功能进行分析。驾驶员会在开启自动泊车功能以后，双手松开，通过观看中控屏上的信息了解汽车当前的驾驶策略。该界面呈现较为简洁，分为两个部分。左侧为模拟的第三视角泊车示意图，会在该区域显示识别到的车位和周围的车辆信息，上方用文字的形式显示汽车当前的操作行为，比如正在寻找车位、正在后退等，右侧显示汽车通过摄像头计算出的俯视泊车角度和后视镜角度，可以让驾驶员判断当前是否可能发生剐蹭情况，在距离障碍物或其他车辆较近时发出提示音并标注在屏幕上。

驾驶信任的设计原则需要在系统界面上显示系统当前的行为和背后逻辑，以及后续行为逻辑，能够让驾驶员根据系统能力来调整对系统行为的期望，从而达到信任校准的目的。根据实际调研，结合设计原则，发现在中控界面和手机界面上都缺乏对汽车后续行为的详细解释和说明，驾驶员只能通过自身的驾驶经验和当前汽车实际状况来判断是否能够较好地完成泊车任务，从界面上难以直观地得到汽车的自动泊车逻辑。在泊车过程中驾驶员自身的认知负荷较小，汽车也以较低的速度进行运转，驾驶员能够有充裕的时间精力去观察屏幕信息，因此能够在该部分进行更为详细的信息说明。

（五）界面设计

车辆开启自动泊车功能以后，驾驶员缓慢前进显示界面，在界面的汽车模型周围增加了色块和光圈，表示当前功能是开启的。

汽车在开始探测到周围车辆以后，视角拉远显示可停车的车位，并提示驾驶员当前可以选择停车车位。

驾驶员在选中目标位置后，按下确定，即可开始泊车。在这里将确认按钮的位置从屏幕上方改到了屏幕下方，因为在按上方按钮的时候会遮挡界面，为了减少误操作，将按钮放在下方。

在选择车位以后汽车开始自动泊车，原先的画面中缺乏对驾驶决策的表达，导致驾驶员无法通过界面信息判断汽车的行车轨迹，并且模拟视角对于距离的估计也容易有偏差，因此在该部分增加了汽车行进每个步骤的规划和位置，以俯视角度让驾驶员了解汽车当前的驾驶策略。

当汽车泊入到停车位后，视角放大到汽车及周围车辆附近，显示与周围车辆的距离，标注出当前车辆已监测到的车辆信息。原先的界面在此处只显示车辆与停车位之间的关系，信息不足够让驾驶员充分信任，现在，这种情况可以得到很大改善。

自动泊车结束后，在屏幕上模拟开车门的距离和周围距离是否安全，可以让驾驶员安全下车离开。在自动泊车过程中遇到任何情况驾驶员希望可以暂停该功能时，可以踩刹车或者按界面上的暂停按钮，界面会有明显的提示表明当前已经没有在运行，增强驾驶员对自动驾驶功能的掌控感，并取消在界面上标注的行车轨迹，重新开始的时候再为驾驶员进行重新规划。

遇到行人或者障碍物的时候汽车需要标注出刹车减速的原因，让驾驶员能够判断当前决策是否合理。

手机端的自动泊车界面由于驾驶员无法在车内及时干预，更需要驾驶员能够充分信任该过程。首先对召唤功能进行了优化。召唤功能是驾驶员可以在下车后通过手机控制汽车前进和后退，但暂时无法做到更复杂的运动。此次优化在原先设计的基础上增设了两种状态，系统会在探测到有障碍物的时候自动停止前进，而且手机操作也需要更明显的反馈来让驾驶员明白当前状态，但驾驶员在操作时主要观察汽车本身而不是手机界面，因此界面的反馈尽可能用余光就可以判断是否运行正常，所以使用大面积色块来进行反馈，同时也与车载系统的设计元素保持一致。

第四节　多模态人车交互设计

一、多模态人车交互主要方式

人车交互方式已经从传统的单一模式转变为多模态交互，这无疑是汽车人机交互设计的一大革新。多模态人车交互以其丰富的交互手段和高效的信息传递能力，极大地提升了用户的车载交互体验。在交互设计中，我们需深入理解和应用这些主要的交互方式，以确保所设计的车载交互系统既实用又符合用户的直觉和期望。

（一）语音交互

语音交互的引入，尤其是结合了声源定位、声纹识别、自然语音交互等先进技术，不仅增强了人机交互的安全性，还增添了趣味性和互动性。在设计语音交互系统时，我们需要细致考虑以下几种应用类型及其设计要素：

语音唤醒类：首先需要明确唤醒的定义，这包括设置合理的唤醒词，确定唤醒方式（如说出唤醒词、按键触发等），并设计合理的中断退出机制，以防止误操作或不必要的干扰。

语音播报类：播报逻辑要清晰明了，播报方式应符合用户的听觉习惯，同时，中断退出机制也要设计得当，以确保信息的准确传达。

语音控制类：交互逻辑必须严谨且易于理解，关键词的定义要准确且易于记忆，同时，中断退出机制的设计也是关键，以防止误操作导致的系统混乱。

语音提醒类：需要明确激活条件，设定合理的优先级，并确保中断退出机制的完善，以便在必要时能够及时终止提醒。

（二）手势交互

手势交互为用户提供了更直观的操作方式。静态手势可以用于快速开启应用或自定义功能，而动态手势则适用于需要动态调整的场景，如调整娱乐系统的音量。在设计手势交互时，需要结合手势识别摄像头的布置位置和性能来定义手势，以确保整体性能指标的实现。同时，考虑到不同文化背景下的手势含义可能存在差异，交互设计需要根据车型市场的特点进行差异化定义，以避免误解和冲突。

理想 L9 配置的 3D ToF 隔空手势交互设计是该车型的一大功能设计亮点。3D ToF（Time of Flight）技术是一种基于光飞行时间测量的深度感知技术。在理想 L9 中，这项技术被应用于手势识别，实现了精准的空间定位和手势跟踪。通过 3D ToF 传感器，系统能够捕捉到用户手部的细微动作，并将其转化为具体的操作指令，使得用户可以通过直观的手势来控制车内的各种功能，这种交互方式更加自然，符合人类的直觉和习惯。用户无须实际触摸屏幕或按钮，即可通过手势完成操作。这在驾驶过程中尤为重要，因为它减少了驾驶员分心的可能性，提高了行车安全性。同时，3D ToF 技术能够识别多种手势，这意味着用户可以通过不同的手势组合来实现更多的功能控制，大大提升了交互的灵活性和多样性。在理想L9中，3D ToF隔空手势交互被广泛应用于各种功能控制，如调整音量、切换歌曲、打开或关闭天窗遮阳帘等。此外，对于后排乘客来说，他们也可以通过手势来控制后排娱乐系统，享受便捷的娱乐体验。图6-7展示了其交互分析。

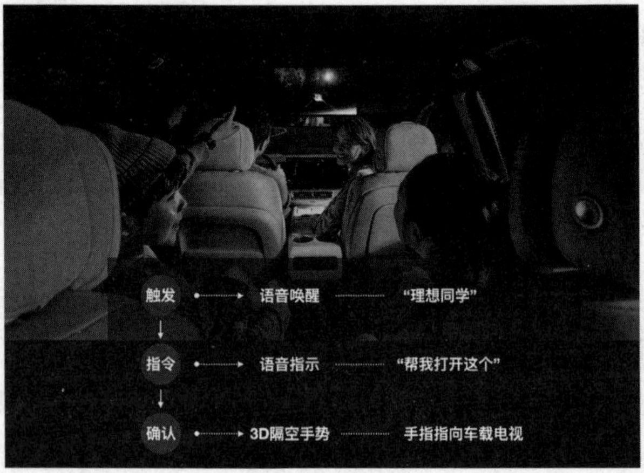

图6-7 理想L9多模态交互与隔空手势交互分析

(三)灯光交互

灯光作为汽车与车内及车外交互的重要载体，在智能驾驶场景下承担了更多的交互职责。对于车外交互，灯光可以用来传递智能驾驶的行驶意图给车外人员，以提高行车安全性；对于车内交互，则可以通过调整灯光的亮度、颜色和模式来提示或警告驾驶员。在设计灯光交互时，我们需要充分考虑灯光的可视性、辨识度和舒适性，以确保信息的有效传递和用户的舒适体验。

多模态人车交互方式的设计需要综合考虑语音、手势和灯光等多种交互手段的特点和需求。通过精心设计这些交互方式的应用类型和设计要素，我们可以为用户打造出更加智能、便捷且安全的驾驶环境。

二、多模态人车交互方式特性分析

多模态交互融合了多种感知与交互方式，每种方式均展现出独特的特性和适用场景。在设计交互方案时，必须充分考虑这些特性以确保用户体验的优化和驾驶安全。各个交互方式的特点及适用场景有所不同。

1. 视觉交互：关键信息传达

信息呈现直观明了，非常便于传达警告内容和提供操作指示。它广泛应用于仪表盘、HUD(平视显示器)、氛围灯、双闪灯、后视镜、指示灯、门把手以及车外显示屏等，构成了车内外信息传递的核心渠道。

2. 听觉交互：多程度警报

语音的特性，如频率和响度，可有效传达危险的紧迫性。借助声源定位和音效增强技术，可向特定区域播放针对性的报警声音，这在报警声和语音播报中尤为重要。

3. 触觉交互：物理提醒

通过物理接触产生的提醒效果强烈且直接，通常在紧急情况下使用，例如座椅和方向盘的振动、安全带自动收紧、点刹提醒以及冷空气刺激等，这些都是为了迅速吸引驾驶员的注意。

4. 嗅觉交互：辅助提醒

虽然不常用，但在特定场景如疲劳驾驶时，香氛或刺激性气味的释放可以与其他模态协同作用，提高驾驶员的警觉性；或在停车休闲场景中可作为减压方式打造具有香气的轻松氛围。

此外，基于人车交互的内容性质和交互场景范围这两个维度，也可对不同模式的人车交互方式进行特性与适用性对比，如表 6-1 所示。

表 6-1　基于“内容性质—场景范围”的人车交互主要模式对比

场景范围	提醒				命令
	事件	状态	通知	历史	操作
公开（公共）	视觉交互	视觉交互 嗅觉交互	语音交互	视觉交互	紧急操作以视觉交互为主；非紧急操作以语音交互为主，同时可辅以多模态交互
集体（较公开）	视觉交互	视觉交互	视觉交互 语音交互	视觉交互	紧急状态下以视觉交互为主，同时可结合多模态交互

续表

场景范围	提醒				命令
	事件	状态	通知	历史	操作
近场 (社交距离)	视觉交互	视觉交互	视觉交互	视觉交互	紧急状态下多以视觉和语音交互相结合
个人 (私密)	视觉交互 语音交互	视觉交互 语音交互 嗅觉交互	语音交互 触觉交互	视觉交互	紧急操作以视觉交互为主,非紧急操作以语音交互为主,同时可辅以多模态交互

三、多模态人车交互设计核心原则

在汽车人机交互的设计过程中,必须充分考虑汽车这一特殊应用场景,确保驾驶员能够顺利完成驾驶任务。为此,本节提出以下设计原则,以指导交互设计的实践。

(一)注意力管理

交互操作应简洁高效,避免引入不必要的额外步骤。设计应允许用户单手完成所有操作,并尽量采用非接触式交互方式,以减少对驾驶员注意力的分散。同时,语音交互应简化,声音报警设计也需避免对驾驶员的注意力产生干扰。

(二)信息优先级设定

合理设置操作热区,确保高频操作区域位于驾驶员易于触及的范围内。此外,与驾驶任务无直接关联的信息应避免让驾驶员进行过多操作,以确保其能够专注于驾驶。

(三)易学习性

交互方式应设计得易于学习,且操控方式应符合用户的使用习惯。整车的类似功能交互策略应保持协调一致,以降低用户的学习成本。

(四)反馈及时性

操控反馈应迅速且无明显延时。若反馈时间超过 2 秒,系统应提供“正在响应”的指示，以确保用户了解系统的当前状态。无论是语音交互还是手势交互，都应及时给予用户状态反馈。

(五)可视性与可识别性

操控位置应易于被发现，且无视线遮挡。工作指示或亮度应符合人眼的识别需求，既不应过于刺眼也不应过暗，以免影响功能的识别。这些设计原则旨在确保多模态人车交互的顺畅、安全和高效。

第五节 智能汽车人机交互设计

随着互联网、大数据和人工智能等先进技术在交通工具运输领域的应用与发展，汽车的内部空间、人机界面、操作方式和交互过程正在发生革命性的变化。从设计的角度看，汽车从一个运载工具，发展为包含个人空间、公共空间和社交空间的设计对象。在这样的背景下，智能汽车人机交互设计已经成为国内外各大汽车企业及科技公司的关注重点。

一、人—智能汽车交互设计的重点

根据国家发改委《智能汽车创新发展战略(征求意见稿)》的定义：智能汽车是指通过搭载先进传感器、控制器、执行器等装置，运用信息、通信、互联网、大数据、云计算、人工智能等新技术，具有部分或完全自动驾驶功能，由单纯交通运输工具逐步向智能移动空间转变的新一代汽车。

设计以人为本。从人的角度来看，人类对于自身和事物的认识，已经不是一种“自然的”概念了，很大程度上取决于人类所谓的“技术延伸”，即通过技术让人类在身体、认知和思想层面上到达更高的层次。每一种技术都是人类身体和感官的一种延伸，并超越了人类的身体和心理的限制。从这个角度来说，智能与网络技术背景下的人车交互，包含了人类移动情境下的一种身体超越，其未来具有巨大的潜力。同时，这种技术延伸，为人们提供了一种将先进技术与人类生活结合的可能，这正是在技术快速发展的时代下，设计师需要去做的事。设计并不创造技术，而是在技术的基础上，通过设计创新，为人类创造更好的产品与体验。这也是智能汽车人机交互设计的内涵所在。人—智能汽车交互设计的重点可以归纳为以下四方面：

(一)多样化的娱乐资源与个性化设置

智能汽车应提供多样化的音乐、视频等娱乐资源,以满足用户的不同需求。同时,交互设计应支持用户的个性化设置,让用户可以根据自己的喜好进行选择和定制,从而提升用户的使用体验。

(二)简洁直观的交互界面

过于复杂的交互界面会给用户带来困扰,因此设计时应遵循简洁直观的原则。通过科学合理的布局和可视化设计,突出重点信息,减少不必要的元素,让用户能够更便捷地理解和操作。这样可以降低用户的认知负荷,提高使用便捷性。

(三)智能化的交互体验

智能汽车的交互设计应充分融合人工智能技术,提供智能化的交互体验。例如,通过语音识别、手势识别等技术,用户可以用更自然的方式与汽车进行交互。这种智能化的交互方式不仅可以提高驾驶者和乘客的交互体验,还能在紧急情况下提供更快速、更准确地反应。

(四)安全可靠的设计考虑

在交互设计中,安全性是至关重要的。设计师需要确保交互界面不会过于复杂或繁杂,以减少对驾驶者注意力的分散。同时,交互设计还应将系统的决策过程呈现给驾驶者,以增加其对系统决策的理解和信任。此外,在面对紧急情况时,智能驾驶系统需要迅速而准确地向驾驶者传递信息,引导其采取正确的行动。

因此人—智能汽车交互设计的重点在于提供丰富的娱乐资源及个性化选项,设计简洁明了的操作界面,利用 AI 技术实现智能互动,并确保整个系统的安全可靠。这些要素共同提升用户的使用体验和行车安全。

二、人—智能汽车交互的九个发展趋势

(一)从运载工具到交通系统

早在 20 世纪 60 年代,美国、欧洲、日本就已经开始了针对智能交通系统的研究和建设,但是真正的智能交通系统在实施层面一直停滞不前。近年来,网络互联技术和人工智能与云计算技术的发展,使得智能交通系统的实现成为可能。移动互联网、车联网技术可以解决汽车内部各系统、汽车与人、汽车与环境

之间的协同交互问题。

在智能交通系统的背景下，未来的设计对象不再是单一的汽车产品，而是人、交通工具、基础设施、城市环境等所构成的一个整体的跨交通工具的无缝出行交通系统。因此，未来智能汽车的设计也会转变为多学科、多领域的系统设计。机械、车辆工程、工业设计、交通运输工程、信息科学与工程、城市规划等不同专业领域，将会共同参与到出行系统的设计当中。跨交通工具的出行系统，可以实现整个出行系统中所有基础设施和资源的整合使用，提高出行效率。

（二）连接与分离

智能汽车已经逐渐变成继手机之后的一个新的移动终端。目前，几乎每辆汽车都可以通过自身或者车内的移动设备等连接网络。在这个移动终端中，一方面会有成熟的移动互联网产品在车内使用或与汽车互联；另一方面在车内的独特情境下，可能会产生出新的设计和商业机会。这使得智能汽车的相关服务成为智能汽车人机交互设计的主要内容之一。汽车本身也是一个独特的个人空间。汽车在多数情境下是除了家庭和办公场所以外，用户使用时间最长的个人空间，而且这个时间还在增长。在这个独立的空间中，人们不会孤立存在，而会把汽车作为一个移动终端，和周边环境或网络进行信息传递与交互。这使得智能汽车与周边物理和虚拟环境的互联服务，成为未来智能汽车的发展趋势之一。

基于位置的生活服务是移动互联网服务设计的核心。目前，移动互联网所建立的生态圈，已经将衣食住行等各类生活服务覆盖在内。智能汽车的生活服务设计，是基于位置的服务，作为一个移动终端所提供的服务和与其周边物理和虚拟环境的互联服务都有直接关系。有一部分属于与汽车强关联的服务，如找车位与停车、加油或充电、汽车保养与维修、高速公路与路桥收费等，需要将服务设计和汽车使用场景紧密结合，在服务内容层面进行创新，再充分利用人工智能和网络互联来解决。还有一部分服务属于与汽车出行关联较弱的生活服务，如在线购物、订餐等。这样的服务需要充分考虑驾驶的场景，针对驾驶场景在服务模式、服务流程、交互方式等方面进行专门设计，以适应不同驾驶场景的需求。

（三）共享服务

共享经济将成为21世纪的主导消费模式。为了应对城市交通压力和环境保护的诉求，建立共享自动汽车系统成为未来城市交通设计与规划的重要内容”。Accenture 针对汽车共享与服务提出了“出行即服务”的理念，并将汽车共享分为多个模式，如汽车租赁、基于站点的汽车共享、即时用车、网络专车等。当前流行的共享模式，如共享自行车、网络约车等，为未来汽车共享的发展奠定了商业模式的基础。多样的共享模式吸引了不同行业的领军者参与到共享服务中来。目前，在国际汽车共享领域，一些汽车共享平台已经颇具规模。

在共享服务中，分时租赁是最具特色的一项服务，它提供汽车“随取即用、随借随还”的租赁服务。从政策的角度看，2017 年 6 月，交通运输部发布了《关于促进汽车租赁业健康发展的指导意见（征求意见稿）》，明确提出：鼓励分时租赁，规范汽车租赁业的有序发展，同时建立健全配套的政策措施，实行停车费优惠，为分时租赁车辆的停放等创造条件、提供便利。从用户体验的角度看，分时租赁首先可以直接解决目前汽车租赁流程复杂、租车取车难等问题。同时，与网约车相比，分时租赁在价格和灵活性上更具有优势。美国著名科技公司 Uber 于 2017 年 9 月 28 日在柬埔寨金边推出了汽车共享服务。Ride Sharing 以手机 App 连接用户，提供载客车辆租赁和实时共乘的汽车共享服务。用户可以通过发送短信或使用手机 App 来预约车辆，同时可以利用手机 App 追踪车辆的位置。未来，随着智能驾驶汽车向无人驾驶汽车方向发展，汽车共享的借车、还车、停车等体验还会进一步得到提升。

（四）无处不在的显示

智能汽车系统本身数据、车内外信息交互数据及用户状态数据快速增长，使得显示信息的数量快速上升。目前，在车内需要显示的信息已经远远超过了驾驶本身的信息。娱乐、资讯、社交等信息大量进入了汽车内部。与此同时，显示信息的维度也出现复杂化的趋势。基于前方路况的自然显示、辅助驾驶显示、车内多屏显示、车内外信息显示、移动设备与汽车的整合显示等，都会成为多维度显示的内容。信息数量和维度的复杂性，使得智能汽车的显示需要更多的空间。未来，智能汽车的显示将不再局限于传统的仪表板、中控台和后视镜等区域，任何物理设备和环境都有可能被嵌入显示装置，成为信息显示的媒介。

无处不在的显示最突出的特点是显示位置和显示方式的多样化。原本以驾驶为中心的信息架构，将会根据娱乐、互动、个性化设置等层级进行分解，从整车显示系统的角度出发，系统性地对汽车人机交互界面在不同区域的显示进行设计。对信息分布、不同显示区域的信息传递、不同信息维度的可视化等维度进行设计。在诸多显示技术中,最可能出现重大突破的是平视显示。从人机交互的角度看,平视显示最大的优点在于,驾驶员可以在视线不离开前方路面的前提下,获得各类信息,有效地提高驾驶的安全性,被认为是未来最安全的显示方式之一。平视显示系统将导航、路况、车速等数据,可视化处理到汽车前挡风玻璃附近的位置,帮助驾驶员获取驾驶信息、辅助驾驶信息甚至娱乐信息。

(五)接管与移交

随着智能汽车自动化水平的提高,用户从繁重的驾驶任务中解放了出来,但同时用户对于汽车的控制权也在减少。在无人驾驶阶段,甚至可能出现控制权丧失的情形。控制权的减少或丧失,会对用户的安全感和情绪造成负面影响。从历史的角度看,人和机器产品的关系,正在从工业时代的“人适应机器”,后工业时代的“机器适应人”,向着智能时代“人机相互适应”的弹性人机关系方向发展。弹性人机关系的核心是,人机系统的控制权会在人和机器(如智能汽车)之间转换,以构成相互适应的关系。因此,在人工智能时代,控制权的接管与移交,将成为未来智能汽车人机关系的核心。

未来汽车人机交互设计在人机控制上的趋势是,智能汽车系统的控制权会根据驾驶情境的需要,在人和智能汽车之间转换,实现任务的接管与移交,即人机介入式控制。从人机交互的角度看,人机介入式控制,包含用户介入式控制和智能汽车介入式控制两个方面。用户介入式控制是智能汽车高度自动化驾驶期间,允许用户介入现有的自动化驾驶过程的控制方式。用户可以通过介入驾驶或其他控制的形式,获得“失去”的控制权。用户介入式控制提供相对开放的接口,通过用户接管智能汽车的控制权,扩大用户的自主权,保持用户的掌控感,提升驾乘体验。智能汽车介入式控制是指智能汽车的驾驶系统能够基于对用户的多维度监测和判断,通过对以往数据和实时情境数据的分析,预测用户或汽车即将产生的行为,使智能汽车介入用户的操作,执行自动化驾驶控制。

人机介入式控制的设计原则有四点。第一,提供更安全的驾乘控制,介入式控制重在人机协作,而不是盲目地依赖汽车自动驾驶或人为驾驶。这种人机协作,一方面,减少了智能汽车自动化系统在遇到突发情况而无法处理的状况出现;另一方面,在很大程度上降低了在驾驶过程中用户由于个人生理等原因造成交通事故的概率。第二,补偿“逐步失去"的控制权,控制权的“逐步失去”

减少了用户的安全感，用户会对控制权有很强烈的需求。用户介入式控制在为用户提供控制权的同时，一定程度上为用户带来了安全的体验。人机介入式控制最好的状态，就是为用户提供他们“想要的”同时“使用不到”的控制权。第三，情境多样化的介入式控制，情境的复杂性决定了人机介入方式的多样性。在未来的人机介入式控制中，智能汽车可以利用其智能感知技术和结构化数据，深度学习算法以及计算平台的计算力等，使得智能汽车自动化系统较好地对相关情境进行准确识别，并根据具体情境和用户的基本情况，提供多样化的人机介入式控制方式。第四，控制切换的设计，在人机介入式控制中，不同情境的控制切换是一个关键的设计问题。在非紧急情况下，智能汽车的控制切换会优先确保用户的驾驶与控制体验；在紧急情况下，智能汽车的控制切换会优先保证驾驶的安全。因此，明确何时以及在何种条件下可以切换，以及切换前后和过程中的责任归属，会是未来人机介入控制设计的一个重点方向。

（六）实体媒介交互

传统的人机交互设备是典型的显示和控制分离的设计。在无人驾驶技术成熟和推广之前，传统的驾驶设备在很大程度上会得到保留。在这样的背景下，在未来智能汽车的应用中，车内实体设备都有可能成为交互媒介，并被赋予全新的交互功能。另外，实体媒介交互将以物理形式来呈现信息，驾驶员通过新的交互方式（如触觉交互等）在物理界面上与动态交互信息进行交互和感知。

随着智能技术与材料科学的发展，汽车的物理控制设备逐步超越其固定不变的物理属性，开始被赋予动态的交互内容，形成实体显示控制界面以及信息数据的传播媒介。在媒介材料上，其材质、柔韧度、弯曲度等性能，实现了多样化实体，同时通过控制交互传感器的线性度、灵敏度、重复性等条件，构建了新的交互形式。实现相关技术包括手持/手离方向盘检测、车道偏离、事故状态预警等。物理材质的新交互方式，构建了灵活的实体交互，进一步取代了机械化的传统实体交互。驾驶员通过更自然的触摸行为或者按键行为，完成了操作和得到了反馈，这更符合驾驶员的操作习惯。实体媒介交互方式提供了交互式的、有形的和物理的空间数据，使驾驶员能够掌握和操作复杂的三维数据，从而支持更有效和更自然的学习。

（七）个性化

个性化、定制化一直以来都是用户的需求和设计的趋势。特别是进入 21

世纪以来，小批量个性化的产品，已经逐步成为时代的主流。在智能汽车时代，传统的定制化模式，已经远远不能满足用户的个性化需求。特别是汽车共享成为现实的话，大多数用户将不是拥有汽车而是使用出行服务，因此用户在每次使用时，都会根据自己的需要对汽车提出个性化的诉求，这不是传统的定制汽车所能满足的。在生物识别的基础上，线上数据和线下生物识别的整合，将是个性化汽车最为核心的趋势。通过将线上用户行为大数据和线下生物识别的信息相整合，可以构建出线上线下整合的无缝连接的个性化体验。在个人身份识别的基础上，结合生理心理感知技术，可以实现智能汽车对人的生理心理状态的实时监控，从而实现智能汽车人机交互界面的实时个性化。

（八）多通道融合交互

多通道融合交互是将人的多个感官通道（视觉、听觉、嗅觉、触觉、味觉、躯体感觉等）融合在一起，与产品或系统产生交互行为，使得人们可以全方位、立体、综合地感知、操作和体验产品，进而形成对产品的全面认知和情感体验。从智能汽车的角度看，多通道融合交互的应用已经成为其重要特征，成为超越视觉体验，创造全方位驾乘体验的重要因素。多通道的融合，可以降低驾驶员的认知负荷，提高驾驶的安全性。

近年来，随着自然语音、传感识别、机器感官增强和情感计算等多项技术的发展，多通道融合交互成为可能。在这些技术中，最具代表性的是自然语音技术，其包含自动语音识别技术和语音合成技术。语音交互将成为智能汽车的标配。目前，语音交互技术逐渐成熟，并且开始广泛运用在以智能家居为代表的智能产品领域。智能汽车作为承载驾驶任务的特殊智能产品，对安全性的要求极高，而语音技术的使用，可以大大提高驾驶的安全性。

与语音交互的快速发展相比，手势交互尚且需要解决驾驶场景适用性问题。作为一种自然的交互方式，手势交互可以让用户脱离实体设备的束缚，为用户提供更大范围、可以模糊操作的交互方式，能够有效减少驾驶员分心情况的发生。在仍需要驾驶员控制汽车的时代，手势交互将是未来汽车人机交互重要的备用技术。目前，手势交互虽然在实验室环境中可以实现90%以上的正确识别率，但是在实际驾驶场景的成功率不高，难以达到量产应用的水平。这是因为手势交互需要解决手势识别过程中对系统的识别要求，以及汽车驾驶场景的复杂性等问题，特别是目前机器视觉系统对汽车振动场景的不适应。在目前尚未广泛应用的感官通道中，嗅觉最有可能被运用在汽车人机交互领域。在汽车领域，车内系统可以根据驾驶场景、用户需求和品牌需要，为用户提供不同的气味，打造全新的驾乘与品牌体验。

（九）智能情感交互

在智能驾驶的基础上，未来的智能汽车将能够“理解和思考”，并在此基础上，实现智能情感交互。感知和认知能力，是人工智能核心能力体现的两个重要层面，人工智能赋能的汽车，其感知和认知能力是智能情感交互的前提。在未来的自动驾驶时代，智能汽车不能仅仅只是回应人们指令的工具，而应该和用户进行交流协作。“能理解，会思考”的能力，使智能汽车能够胜任一些通常需要人类智能才能完成的复杂工作，以更高效的方式帮助用户完成驾驶任务，并通过交流互动满足人们提出的各种需求。在理解和思考的基础上，如何在汽车的交互体验设计中，不断满足人们的内在情感需求，使汽车真正从一个机器变成一个有生命、有情感的伙伴，成为汽车人机交互设计的重要趋势。各大车企也正将人工智能产品融合在汽车中。

智能汽车作为一个智能体，不仅仅会和车内的用户产生交互，还会和车外的周边交通个体产生交互，例如车外的行人、其他智能汽车、交通基础设施等。智能驾驶汽车作为交流主体和周边的人通过多种形式互动并建立情感交互关系，当行人即将穿过街道时，能很好地知晓智能汽车的下一步行为，即智能汽车的意图。

三、无人车元宇宙智能座舱场景交互设计

大数据、车联网、物联网等万物智联技术强势介入智能车研究领域，以无人车元宇宙为典型代表的工业元宇宙，带给用户更加丰富多元的人车场景交互环境。传统汽车座舱的交互环境是单模态和单通道的，多聚焦于驾驶行为，空间场景类型单一。无人车元宇宙的智能座舱交互环境，从单一模态向多模态和多通道快速演进，对于无人车等智能车空间场景的关注，不再局限于驾驶行为和驾驶场景上，而是更加关注以驾驶员和乘坐者的乘坐体验为主导的场景类型，从传统的“驾驶观”(drive)转变为新的“移动观”(mobility)。车内场景模式的多元化，不仅作用于用户驾驶行为，同样适用于乘坐与体验行为上。本文通过空间场景理论来辨析场景类型，提出基于元宇宙 XR 的新型场景交互以及与用户行为精准匹配的交互逻辑，从而提出无人车元宇宙智能座舱的场景交互模型和

交互策略。

(一)汽车座舱与场景交互

1. 智能移动空间与人类移动性

汽车座舱是承载用户车内活动的重要场所,传统座舱空间的主要功能聚焦于驾驶行为,而无人车等智能座舱则更关注用户的空间体验。HUD 和中控大屏的内饰设计成为主流,汽车操作系统也从传统的驾驶操作系统转变为自动驾驶 OS 和智能座舱 OS 两大类。无人车作为一个智能的移动载体,其座舱空间逐步发展成一个小型智能移动空间,也可成为移动的第三生活空间。

参考覃京燕教授对于无人车与元宇宙等相关概念的学术观点,对于元宇宙时代,以 XR 虚拟现实、WEB3.0 和人工智能等典型技术为载体,通过信息化、数字化、网络化、智能化的四化手段,提供沉浸式、交互式、构想式和智能式的用户体验,达成三大时间空间中的数字生态文明建设。在元宇宙中实现元设计,将零和博弈关系转化为非零和博弈关系。元宇宙和本体原宇宙及发展源头的源宇宙形成三体元(原源)宇宙。无人车元宇宙,运用智能空间与智能车座舱的人机交互元宇宙场景、人工智能与人类智能的融合智能共同决策的心智模型与元宇宙交互机制、虚拟现实 XR 人工智能 AIGC 区块链等元宇宙技术,驱动无人车元宇宙中的物质流、信息流、资金流、能量流、体验心流五大要素,从而构成无人车元宇宙新型人类移动性的运行机制,以及元宇宙中人、事、物、境、数、智、场、货的协同机制,构成数字孪生体与原生宇宙(元、原、源宇宙本体的三位一体和三位分离的运行机制)的映射、匹配和转化的可持续发展的衡恒关系。无人驾驶车结合元宇宙,拓展实体的智能移动空间和元宇宙虚拟的赛博智能移动空间,催生出新型人类移动性,不仅关注用户在驾驶过程中的驾驶行为与场景,还关注非驾驶场景中的人与人、人与车、车与环境之间的交互行为。从人类移动性的角度来看,新型人类移动性催生出由交互载体、功能、内容三要素构成的新型人机交互范式。

2. 座舱与场景交互的可能性

场景在车载交互领域,指的是一种包括参与者、环境、目标和目的、行动和事件的顺序,以及在整个设计周期内开发和展示新设计系统所假设的上下文描述。在传统的汽车空间中,设计聚焦于驾驶任务及其相关场景,如驾驶中的中控系统、导航系统、驾驶模式等。“场景设计”作为一个具体的设计方法论,最早由 John M. Carll 于 1999 年提出，他强调设计过程中应把工作焦点放在描述用户在系统中的工作流程，而不是聚焦于系统自身的行为。在交互设计领域，交互系统包含了角色、行为、场景、事件等，其中场景是交互系统中重要的交互要素之一。目前交互设计领域“场景理论”的研究，从产品交互设计着手，其关注重点分为客观场景、目标场景、实际场景三方面。随着人工智能技术的介入，使交互设计中的角色、场景、情景感知、交互事件具有活态的特点，以此进一步构建活数据的流动。同时，由活数据构建的交互场景是交互系统中的核心要素，针对无人驾驶座舱空间场景用传统的交互模式难以对其进行指导，因此“场景理论”与交互设计相结合以形成新的交互设计方法。

（二）无人车智能座舱的场景类型分析

近年来交互技术的创新，如增强现实技术、虚拟现实技术、混合现实技术，智能车座舱场景的类型越来越丰富，Paul Milgram 等人针对现实与虚拟技术提出了关于扩展现实（XR）、虚拟现实、混合现实定义的分类法。J. M. Carll 认为场景设计是可以进行分类和抽象化的，帮助设计识别、捕捉特征与进行设计重新定义。根据 J. M. Carll 的“场景理论”，结合 Paul Milgram 对现实与虚拟的技术分类，在此，以无人车元宇宙为代表的智能座舱场景可分为真实场景、虚拟场景、混合现实场景。由于场景与用户行为之间的交互关系、交互角色、交互体验、交互方式、交互反馈等不同，所构建用户个体的定制体验也有所不同。因此，智能座舱的不同场景给用户带来的遥在感、临场感、共在感也有所不同。在传统交互设计方法上，交互的表征主要为记录和传播，导致交互对象与角色的生成只具备用户共性的特征，交互体验也只存在于共性层面，未达到个性体验的细粒度。因此，依据用户行为类型，为场景交互由共性深入到个性体验提供新的思路，通过新型交互技术和智能座舱场景结合，提出座舱内三种场景，车内不同的场景应用模式对应不同的驾驶状态，并对其交互方式、设备和场景运用的可能性进行分类。

1. 真实场景

真实场景是指增强现实的场景，增强现实是在虚拟现实基础上发展起来的技术，利用物体检测和识别技术，运动跟踪技术及自然人机交互，将物理现实世界中的环境元素与计算机视觉生成的图像结合在一起，从而使真实世界的信息拥有了可交互和数字化的特性”。目前增强现实在智能座舱场景中运用的设备主要有头戴式显示器空间增强现实、AR-HUD 等。AR 技术运用在智能车座舱场景，AR 与其他交互通道相组合形成多通道多主体融合的新的交互体验和交互场景。

2. 虚拟场景

虚拟场景是指虚拟现实场景，虚拟现实是美国 VPL 公司创始人拉尼尔提出，创建虚拟环境，用户采用相应的传感设备进行交互，便会产生身临其境的体验。虚拟现实具有沉浸感、交互性、构想性的特点。ACM 人机交互国际会议 Philipp Hock 团队对车内虚拟现实娱乐可行性的研究，探索车载 VR 娱乐应用程序的设计。虚拟现实技术在智能车座舱场景中的运用，MobileVR 能产生高度沉浸式环境并让用户沉浸在车载移动娱乐的场景，移动 VR 提升乘坐者的乘坐体验。

3. 真实与虚拟结合场景

真实与虚拟结合场景指的是混合现实场景，混合现实是混合了现实、增强现实、增强虚拟和虚拟现实技术，结合真实和虚拟世界创造了新的环境和可视化。物理实体和数字对象共存并能进行实时交互，用来模拟真实物体。MR 混合现实通过手势识别、模拟自然的操作方式展现全息影像，通过 MR 的 HMD 设备，用户可以无障碍观察现实世界并与 HMD 设备佩戴者观察虚拟世界的设计。在未来，XR 场景更有可能运用在智能车的非驾驶任务中，而娱乐、工作等场景可通过 XR 扩展技术协同展现。

（三）以真实、虚拟、混合场景构建的智能车座舱场景交互架构

随着万物互联和人类移动性的拓展，汽车 HMI 交互的主体和客体发生了变化，驾驶员、乘坐者主体可以依托于信息进行交互，汽车客体的判断、决策、执行等行为从传统被动交互变为主动交互。人类移动性在物理迁移基础上，融入了依据信息密度与交流的信息迁移，人机交互（Human Machine Interaction）变为了人类移动性交互（Human Mobility Interaction），新的人类移动性的交互在主体（驾驶员、乘坐者）不同的表征下分为“存在感”“遥在感”和“共在感”，三者对智能车的座舱场景交互的思路产生影响。在此，需要重新考虑交互设计的核心要素与关键元素，并以此推导出新的交互模型和策略。无人车座舱场景交互的模型要素包括物资流、信息流、资金流、能量流和体验心流；关键元素包括人、事和物。

1. 座舱场景交互的核心要素与关键元素

在物资流中，人与车的从属关系在不同车内场景中发生了变化，主体存在三种状态，用户、虚拟代表、用户和虚拟代表共存的状态。在进行非驾驶任务时，不同场景的物资流受主体（驾驶员、乘坐者）控制与切换，从属关系以人为主导，当用户对车内场景模式进行扩展时，需要选配不同的车内智能组件，例如现阶段探索家庭出行场景的理想 L9 系列 SUV，二排搭载大型吸顶屏组件，并能根据用户适配外部设备，如 PS5、Switch 等。提升汽车后座进行娱乐与办公的乘坐体验，使乘车场景转换为沉浸式互动模式场景，符合了体验心流的搭建，人与车的联系通过场景的搭建更加紧密。

在信息流中，传统人与车之间的信息交流通过物理按键交互、HMI 信息交互、声音交互等进行，是单一被动的信息接受与反馈。而智能座舱的人车信息流发生了变化，信息通过接收可以量化处理生成交互内容，通过虚拟代理、数字孪生等方式独立存在或与驾驶员、乘坐者共同存在于智能车座舱中，当座舱空间执行相应任务时，不同场景包含了不同的人车固有信息、即显信息、转化信息，这些信息构成了不同场景新的社交网络，对应形成了不同场景新的知识图谱，拓展了人类移动性，数字化信息和非数字化信息构成了人类移动性在智能车座舱场景的数据内容服务。如小鹏汽车的语音助手小 P，支持全场景语音，拟人化声音表现不同情感、连续对话等功能，基于百度的移动内容生态和知识图谱，语音助手可以在车主的惯性场景中自主学习，理解车主习惯提升整车体验。在资金流中，基于无人驾驶车智能座舱平台的大数据和乘坐者用户的小数据，使场景中的算法与数据形成了一种服务形式，通过信息流推动资金流、能量流，为无人驾驶车智能座舱不同场景的应用提供线上线下的流动，在数字化信息与非数字化信息环境中流动，场景中的组件与应用通过汽车作为一个智能平台终端提供服务。通过人工智能生成内容（Artificial Intel ligence Generated Contents，AIGC），尤其是 ChatGPT 等模型生成内容算法机制，进行用户自产生内容（User Generated Contents，UGC）和 AIGC、专业产生内容（Professional Generated Contents，PGC）等大数据之间的汇聚与交换。UGC、AIGC 等数据通过收集分析优化，迭代出新的数据服务，平台通过有偿提供数据服务推动资金流运转。如特斯拉、蔚来等车企注重车内用户体验提升，通过对用户数据反馈进行车机版本升级，通过 OTA 的方式实现新的数据服务，优化智能座舱场景服务。

2. 无人驾驶车智能座舱场景交互策略

(1)建立 SMIM 智能座舱场景交互模型

在智能车座舱场景交互模型的物资流中，通过场景需求提供用户适配的外部设备，如虚拟场景中的 VR 设备、真实场景中的 AR 设备等，通过外部设备构建车内场景不同应用的服务需求。同样地，车内系统应用程序适配不同的设备组件，产生了汽车生产内容 VGC(Vehicle-Generated-Content)；模型中的信息流，车内系统通过 AIGC 人工智能生成内容，对车内不同场景进行学习，形成不同场景的知识图谱，构成不同场景应用模式中的数据内容服务，车内系统适配不同场景角色，如健身模式中的教练、露营模式中的管家等。模型中的资金流，通过用户提供场景应用的反馈数据和交互自产生所形成的信息数据，汽车和应用平台进行数据汇聚和交流，从而提供更好的 OTA 升级，使汽车平台应用服务数据更好地适配车内场景。

根据无人驾驶车元宇宙的智能车场景类型，构建出人车交互场景的交互模型。用户与无人驾驶车智能座舱之间的物资流与资金流在信息流与能量流的连接下进行相互流通与转化，用户位于核心位置，连接智能车与车内座舱终端平台、车企平台与应用平台。

用户通过应用服务与线上虚拟用户进行交流与数据交互，构成社交网络与专业生产内容(SNS-PGC)。智能座舱承载着智能终端平台，其作为物资流的载体可以通过场景设备的适配实现车内不同的场景，如真实场景、虚拟场景、混合场景。此外，车内系统的应用服务适配应用组件，实现不同场景下应用中的人车物资交流。用户与车企应用平台通过 OTA 的方式实现智能车终端平台数据服务升级，用户数据与车企大数据的结合分析与优化，通过有偿迭代服务的数据资金流转并构成移动通信网络与专业生产内容(Mobile-PGC)。

(2)无人驾驶车智能车座舱场景交互设计

无人驾驶车座舱场景交互模型包含了用户的数据信息、车终端平台的数据信息、车内不同场景的环境信息，共同构建起来的数字信息与智能信息，在此基于交互界面系统，以座舱空间的健身交互场景为例，针对非驾驶状态下座舱场景交互模型提出场景交互策略。

健康管理意识受到更为广泛的关注，尤其是上班族越来越注重自身健康状态，当前，一是以健身房为主导，用户到固定场所进行教练实时针对指导训练；二是以健身程序应用程序为主导，用户通过健身程序可以在任何时间段的非固定场所进行健身项目的训练。此类场景更加灵活多样，因此也可以结合智能车场景应用。首先，通过对上班族的健身需求与场景交互模型结合，对用户车内健身意愿和通勤进行观察与记录；其次，通过用户访谈、参与式观察、流程分析、需求分析等方法进行用户调研；最后，根据 SMIM 无人驾驶车智能车座舱场景交互模型提及的关键元素制作了车内健身模式的高保真原型进行分析。通过调研与访谈，交互模型中关于健身应用在不同场景中的核心要素进行需求统计，在智能车健身模式下，根据不同场景核心要素的转化特点，以具体事件来验证模型的可行性，根据目标用户的调研访谈来表明。

座舱空间健身场景的生成，首先，设备选择，用户可以通过线上门店进行组件的挑选；其次，通过汽车终端平台开启健身模式，开启后座舱座椅位置自动调整，搭建小型的健身场域；最后，健身模式有三种不同的使用场景，分别是真实场景虚拟场景和混合场景。此外，车内智能助手通过不同场景的健身数据服务的学习，形成不同的场景下健身应用的知识图谱，转化为专业的健身教练助手，用户与车内智能助手 AIGC 进行实时沟通学习健身动作要点与技巧，同时车内界面会显示用户的个人数据、健身指标、训练组数据、能力补充数据活动数据等，让用户实时了解自身状况反馈。用户在健身模式运动结束后，终端会记录用户数据并进行上传分析，给出用户运动建议与指导并通过 OTA 优化用户健身方式。

通过建立智能车座舱场景的健身模式，为用户带来沉浸式的车内健身体验，用户通过了解身体不同部位的健身项目，使用对应训练的健身组件。针对三种不同场景的特点，用户与健身教练的交流方式、数据界面表现形式也有所不同，能够有效提升用户在车内的健身效率，从而打造沉浸式的健身体验。基于智能车场景交互模型，建构场景沉浸式体验丰富座舱场景类型，探索座舱场景新的可能性。在智能车的人类移动性基础上，智能车座舱场景发展，将会有效降低传统行为模式在时间和地理位置等的限制因素。同时能够适应当下智慧城市与智慧交通、城市大数据等新的时代特征。结合元宇宙的发展，也可以对用户行为传统场景的重新演绎，从而更加高效、便捷与不受限制；在未来，传统娱乐空间将会发生转变，从特定场所转向可移动空间，人类在游而学之、戏而习之中不断获得新的认知与体验；移动咖吧、电竞元宇宙等基于智能车的场景模式，将会从根本上改变大众对人类移动性的认识，进而搭建无人驾驶车智能车座舱的元宇宙。

无人驾驶车元宇宙为智能座舱的新型人机交互，提供了多模态、多元化、虚拟与现实XR多种存在感的新型交互场景，智能座舱交互设计中的内容、功能、媒介等交互设计要素，产生了结构性与范式的革新与变化，本文结合场景理论，创新性提出真实场景、虚拟场景、混合现实场景三种智能座舱场景，推出智能移动性的交互模型与场景交互的核心流程，提炼物质流、信息流、能量流、资金流、体验心流的交互模型要素，构建出智能场景交互的设计策略，拓展了无人驾驶车元宇宙智能车交互设计的领域。

第七章 交互设计创新研究及未来发展

近一百年以来，工业设计专业的定义所进行的多个版本的更迭与深化，从最初的对产品造型、色彩、形式等外观特征的关注，到20世纪80年代拓展到对产品加工、装饰、制造等方面的创造性和品质提升，再到近年来将工业设计视为一种为过程、服务或系统塑造多方位品质与意义的创造性活动，这一演变不仅体现出工业设计在适应甚至引领时代需求方面所取得的进步，也反映出现代设计的一个显著发展趋势，就是其关注点不再仅仅局限于对象的物理形态设计，而是逐渐转向对“非物质”层面的深入探索，如系统的组织结构、智能化应用、用户界面、环境氛围的营造、交互行为的规划、信息与娱乐服务的整合，以及信息艺术的创新性表达。这一转变体现了设计领域对触发消费者创造潜能和丰富其生活工作体验的高度重视。在信息社会的背景下，生产、经济和文化领域均经历了深刻的变革，社会正逐渐从以物质产品制造和生产为核心，转变为以服务为主导的经济形态。随之而来的，是设计本质的根本性变化。作为本书的最后一个章节，本章将深入探讨交互设计的创新研究及其未来的发展方向，以期对这一领域的学术理解和实践应用提供新的视角和洞见。

第一节 交互设计研究现状分析

现在的交互随着学科的不断推进，早已超出对于UI界面的设计研究，人机交互、人人交互乃至人与环境的交互，都在被不断强调。从人机交互的方式来看，触屏的交互方式已代替按键交互，以绝对优势地位占据了市场份额。现在，我们在生活中已习惯了从一块小屏幕到另一块小屏幕的触屏操作方式。那么未来，我们的改变方向在哪里？可以看到的是，人们逐渐不满足于单纯的手指触碰去操控产品或表达自我情感。麻省理工学院媒体实验室曾与微软研究院联合开发了一款“智能文身”，使用“Duoskin”，使用者以触碰、滑动的形式操控皮肤上被创建的用户界面，就可以实现操控手机屏幕。

由于电子文身很好的柔软性与超薄材质电路，使它的应用领域扩展速度逐渐加快。当然也得益于交互本身的领域足够宽广，有些行业因为交互设计的发展而得到了全新释义，或产生更高的效率与价值，如医疗领域。

通过电子文身，不仅能探测使用者的心血管活动迹象，同时还可以监测运动、睡眠等各项生命活动数据，并辅以 App 将数据实时可视化，更易于清晰地分辨当前使用者的心脏的健康状况，以起到防范、监测、远程治疗的目的。

在未来一段时期内，交互设计依然会围绕手势交互的方式、触碰位置的变化与材质应用进行探讨，并且手势跟踪依然被认为是最重要的展现形式之一。

例如使用眉毛交互，或是眼球追踪交互。这项技术目前更多地被使用在 VR、AR 领域内，比如 VR 眼镜，很多人相信它是提升 VR 眼镜用户体验的关键之一。

在更远的未来，交互设计或许会更偏向于“意念”交互，即完全摒弃手势追踪，通过意识、意念来操控设备，操控虚拟或现实的世界。通俗而言就是通过设备，在意念的控制下，我们的大脑怎么想，便会出现相应的行为或是变化。比如，mindflex 通过佩戴脑电波接收设备，用意念控制小球进行游戏的作品，一经推出便轰动全球。如果从医疗领域进行思考，意念交互将拥有更大意义。脑电波是一种在医学上被广泛研究的电信号，通过对脑电波的分析，可以得知人体此时的精神状态甚至意识思维，利用这些分析结果，可以实现对外部设备的简单控制。

现在，一些知名高校在意念交互方向上的研究项目也在不断大胆尝试。如英国皇家艺术学院的 design pathway 专业展示了这样的一个项目，用一个生长着的机械植物来展现你的思绪、你的学习状态、你的想法。该项目的价值在于，通过花瓣的开合与光效等交互形式，来鼓励使用者不断的学习与思考。

意念交互形式的产物不仅仅是一套系统、产品，它既可以从社会、生活的理性角度出发，也可以从人们的感性认知层面切入。例如，对该种交互方式的批判性思考，或是在某一具体领域内的影像实验、沉浸式体验等，都是对新交互方式的研究。

又如，在公共出行安全方面。对于自动驾驶领域而言，2020 年是一个激动人心的全新十年的开端。5G 时代的到来为自动驾驶技术的应用带来了诸多便利,有力助推并达成云与汽车之间的有效沟通。城市发展进程中,未来公共出行也将成为趋势,安全出行始终是被大多数民众所关注的话题。

根据国际汽车工程师学会的分类原则,自动驾驶共分为五级,从 0(无自动化)到 5(完全自动驾驶)。自动驾驶系统可以连续控制加速、制动和转向,以使车辆在车道中央保持设定速度行驶,同时保持与前方车辆选定的跟随距离;自动驾驶系统要求驾驶员保持警惕,并准备在系统遇到无法处理的情况时进行干预。也就是说,无论 L2 还是 L3,都会涉及人车交互的部分,人的行为变量决定了该等级的自动驾驶汽车安全性很难把握。另外,IIHS 研究表明,自动驾驶系统越复杂越可靠,驾驶员保持警惕性就越难。随着眼动时间越长越频繁,驾驶员就会越疲劳,驾驶员思绪也更容易涣散。

2020 年 10 月,百度宣布其自动驾驶出租车服务 Apollo Go 正式在北京启动试乘营运,并供给市民尝试体验。地点在亦庄、海淀、顺义等多个区域。百度在这些地方辟设了数十个站点,居民只要在平台预约,就可感受自动驾驶带来的乐趣及体验。体验期间,体验者可以进亦庄开发区 Apollo Go Robotaxi 无人驾驶站点后,先打开 Apollo Go 应用程序,然后在 App 上填写自己个人信息,就可以呼叫车辆。目前北京地区的 Robotaxi 车型均为林肯,车身上贴着醒目的"Apollo"与"自动驾驶测试"标志,车顶上顶着激光雷达等设施。车尾还有自动驾驶,保持安全车距等警示标识。

车辆自动行驶过程中,安全人员并不需要驾驶车辆,而是只起辅助作用,作为车辆运行必不可少的一道安全保障。安全人员实时注意车辆及道路的安全,当路面发生事故及车辆故障时,安全人员才会对自动驾驶出租车进行人工接管,以最大程度保障体验乘客的安全,避免意外发生。

车辆自动驾驶中,Apollo 系统可以 360°无死角的正确识别同向及对向的车辆,收集到数据后以矢量图的形式出现在车里的 Apollo 系统屏幕内,依靠着 Apollo 系统,车辆就能做出正确的判断。

一部分人认为,对于目前需要安全员适时进行人工接管的自动驾驶车辆,要真正达到完全无人驾驶还要走一段很长的路。

但百度董事长李彦宏却认为:"5 年之内,无人驾驶技术一定会进入规模化的商用阶段",只是"即使到 2025 年,街上也不可能跑的都是无人车"。无人车确实在被这个时代接受，但是自动驾驶技术的真正普及，不光是需要技术手段的革新，也需要真正地被人们信赖及接纳。

随着近几年自动驾驶技术逐渐引入到传统汽车行业中，我们可以看到一种人机交互趋势，即减少了驾驶活动对用户中心注意力的要求，同时提高了非驾驶活动对用户中心注意力的分配，这将为更多的非驾驶活动相关的服务交互设计创造更多机会。因此，汽车的交互设计正随着自动驾驶的来临而发生根本性变化。人与智能系统的交互不仅要考虑到在座舱内的用户，还将重点考虑他们在进入及离开该移动空间的体验、如何与周围车和行人进行互动等，那么交互设计的主体将从传统的主要用户如驾驶员和乘坐人员拓展转变为车内的用户、社会化道路上周围的行人以及周围车辆中的人。这也就增加了更多的交互设计类型，例如，车与车内用户的交互、车与车外的行人的交互以及车与周围车辆的用户的交互。

未来将以基于旅程相关的产品服务系统设计复杂的可持续性的汽车行业设计生态，我们采用产品服务系统设计思路，推演出一种基于用户注意力，活动维度伴随自动驾驶技术升级而产生的变迁及其对应的设计考量因素。

在产品逻辑上，我们必须考虑自动驾驶产品服务系统的三个基本维度，包括基于上文所述的驾驶员/用户注意力，活动变化下系统中的人的参与程度、体现具体业务流程的服务旅程以及接触点，包括如何使用核心产品（车辆）和其他相关产品和系统。通过整合这三个维度（人的参与、服务旅程和接触点）去思考将为我们揭示一些新的设计机会。

第二节　基于不同终端的创新设计研究

一、创新交互设计的硬件基础

交互设计关注的就是人与机器间的互动和交流，这过程中依赖的媒介就是各式各样的硬件设备，即交互式终端，往往由输入和输出设备组成。对于设备操作的复杂性是我们在做交互设计或者用户体验设计时非常关注的因素，不同的设备和技术有不同的优势和弱势，灵活利用技术的长处能够使交互过程变得更加便捷或是充满乐趣。各种输入输出的硬件设备就是我们进行产品设计或创新的交互设计最基本的依赖和灵感来源。下面简要介绍几种最为常用的交互设备或技术：

(一)按键输入

按键输入指通过键盘按键、鼠标左右键、遥控器上的按键等输入，这类交互方式是最传统也是最广泛使用的，现在几乎存在于所有的电子产品里面，通过按键来传达一些设定好的命令。

优点：简单直接，最被大家熟悉和习惯，按键对应了相关的指令，使用方便。

缺点：随着功能的多元，当指令越来越复杂的时候，按键数量和组合会变得相当繁杂，在固定的大小下集成的按键越来越小，难以寻找和辨认，要熟练使用往往需要很多时间学习和掌握，而且设备所占空间较大。

未来：作为基本命令的指令按钮会继续存在于几乎所有的电子产品中，比如开关，声音控制等，而大面积的按键设备将会逐渐被淘汰，转向不占空间集成量更大的触摸设备。

(二)触摸屏

一种融合显示器和输入设备的交互媒介——触摸屏在科技的不断发展下已成为现今人气最高的输入设备。目前，触摸屏已经广泛应用在家用、展馆、售票终端、通信设备、控制终端等领域，其对人们生活带来的便利毋庸置疑。

优点：它满足了在一个有限的平面范围可以通过层级关系提供较多比较复杂的指令集合，将输入设备和输出设备整合在一起，减少了体积占用，同时，将输入输出整合到一起也更加符合人类认知和反馈的习惯。

缺点：按压的灵敏度和准确度依然是技术上要解决的问题，而且当产品本身很小时，屏幕也变得很小，就不是那么方便使用手指点击来选择。并且大量大面积的液晶显示触摸屏的利用在成本上高过传统的按键。

未来：随着多点触摸技术和压感技术的日益提升，触摸屏也变得越来越直观和人性化。人们可以通过压力的大小来控制一直连续变化的量，如模仿人的笔触等。在各种媒体终端上，触摸屏技术将会进一步普及。同时触摸屏也会在汽车、飞机、厂房等各种需要具有电子设备的地方发挥重大作用。

(三)传感器输入设备

通过可感知无线红外线、重力感、压力感等传感器(Sensors)为主的输入设备。它们通过内置的感应器来感知外界动作，如光变化、重力方向、相对位移等，通过数据传输达到控制机器的目的。如数位板上的红外线传感，Wii 游戏机所使用的重力传感等。

优点：用户不用再记忆和学习大量操作和命令，操作也变得简单和流畅，容易掌握，凭现实生活中的经验就会使用。

缺点：传感器的敏感度和精确度是不变的问题和难题，还是很难模拟出和现实感觉完全一样的设备，所以用户也不得不先适应。同样的，成本和花费都大大高于传统设备。

未来：将会在娱乐游戏方面有更广泛的应用。在一些教学系统、虚拟运动、家用电器上会有比较好的应用。

（四）眼球感应设备

眼球感应是运用红外线等技术追踪来感应眼球及瞳孔的移动，达到控制方向的目的。目前此项技术尚未成熟，在残疾人等一些无法使用其他输入设备的人群中具有良好的前景。

优点：释放了双手，只需利用眼球就可以达到人机交互的目的。

缺点：眼球是人类接收信息的工具，通过眼球进行信息的输出，会影响到眼球接收信息的能力，同时，眼球过小，头部位置不固定，眨眼睛等人类行为习惯对眼球感应设备也是一个巨大的挑战。

未来：在残疾人群体的人机交互上会具有很好的发展前途。

（五）声控设备

声控设备已经经过多年的发展，技术上日渐成熟。它被应用于电话拨号、身份认证、控制终端等地方。与眼球输入设备一样，它同样释放了双手，以声带作为输入载体，通过与机器原先储存的声音进行匹配达到输入的目的。

优点：只需要动口，而且忽略输入时各种身体动作产生的影响，个人适应性强。

缺点：受到全球不同语言的限制，要在全球推广除了开发一套模式化操作发音，就只能通过开发多种语言内置匹配音库，同时，语音输入易受到周围嘈杂环境的干扰，识别的准确性也是一个需要解决的问题。

未来：在安保系统能够发挥比较突出的作用。同时比较多是作为其他交互方式的辅助方式来运用。

(六)投影交互

投影输入设备是通过投影仪投影,操作者通过在投影仪与投影幕之间的阻隔产生的阴影来控制机器。这也是较新的未成熟的交互设备。

优点:脱离输入硬件的限制,即使“手无寸铁”也能轻松操作。

缺点:在输入时会挡住一部分的画面,造成对反馈信息阅读的障碍。

未来:在大型展示、娱乐方面会有比较好的发展前景。

(七)三维步态定位设备

三维步态定位设备是较新的适用性比较广的交互方式。它内置有三维步态感应器,机器能够感知在三维空间内感应器的移动,从而达到在三维空间控制机器的目的。

优点:能够在传统鼠标二维的操作面上再加上一维,达到如同现实的三维空间操作的目的。更加贴近人类的生活体验,是鼠标的扩展。在三维平面或者立体显示器的支持下,它将大大改观人们对电脑的操作体验,所有传统平面的操作都将变成三维空间操作。

缺点:在三维空间中进行操作,支撑是一个问题。此项技术是在鼠标上的改进,人们依然需要一个中介硬件来实现对机器的操作。

未来:因其操作方式与鼠标类似,在配套软件的支持下可能随着鼠标的淘汰而成为更新一代的交互方式。在娱乐,展示上也能够发挥很大的作用。

二、基于移动终端设备的设计创新

(一)移动终端设备的设计创新

移动终端设备是指可以在移动中使用的计算机设备,广义地讲包括手机、笔记本、平板电脑、POS 机、电子书设备、可穿戴设备、虚拟现实设备等。移动终端设备以其造型小巧、能耗低、操作便捷的特点快速普及。

1. 智能手机

现在的智能手机的功能十分强大,通信、办公、娱乐、社交等功能都能有相对应的应用程序(App)实现。这些强大的功能大部分通过触摸屏技术和手势输入实现。其实,我们在设计开发时,不能够忘记手机是一款集卫星定位、陀螺仪、光敏传感、声敏传感等多种交互硬件于一身的交互设备。因此,一款 App 的设计开发,除了 App 视觉风格的开发,也包括了如何将这些交互硬件融入视觉交互的行为设计。值得一提的是，基于苹果手机与安卓手机的视觉交互设计，遵循各自不同的设计规范，形成了不同的视觉设计风格。在 EMUI 10.1 上，华为 P40 Pro 引入了全新的 UX 设计，除了高品质主题壁纸、带有阻尼感的流畅交互动效，此次更是有微立体 AOD 景深视觉营造，配合四曲满溢屏让视觉效果更出众。EMUI 10.1 的智慧分屏也更易用，体验更接近电脑的多视窗操作：通过从屏幕两侧向内滑动后停顿，可快速唤出侧边应用栏，长按拖动就可分屏；以往需要来回保存上传或者复制粘贴的图片和文字信息，在 EMUI 10.1 上在同一屏幕内跨两个应用窗口拖拽即可完成操作。

除了全新的 UX 设计，全场景体验更是 EMUI 10.1 的重中之重。通过屏幕左下角或右下角向上滑动，激活多设备控制中心，就可进行快关 IoT 设备、手机投屏、多屏互动协同等操作。比如通过该功能可以在智慧屏、平板之间进行高质量的双向屏幕共享和语音视频通话。通过打通 Windows 和 Android 的系统底层，华为 P40 Pro 可以在 PC 和手机之间无缝协同；比如我们经常通过社交软件或者存储介质传输的图片、文件资料、音乐、视频等，现在只需通过简单的触碰，就可在华为 P40 Pro 和华为手表、音箱、PC、平板等非手机产品之间传输共享，让移动办公的效率大大增加。

2. 平板电脑

平板电脑以触摸屏作为基本的输入设备。平板电脑和智能手机的区别主要在于尺寸不同，导致使用场景不同。智能手机必须满足其作为手机的功能，解决的核心需求是通话。平板电脑的核心需求是满足浏览网页，满足用户移动办公、娱乐等。2020 年苹果新发布的 iPad Pro，它的 Pro 级摄像头增加了激光雷达技术，打通了真实和虚拟的交界。激光雷达这项先进技术，是通过测量光触及物体并反射回来所需的时间来确定距离。特制的激光雷达扫描仪利用直接飞行时间，测量室内或室外环境中从最远 5 米处反射回来的光。它可从光子层面进行探测，并能以纳秒速度运行，为增强现实及更广泛的领域开启无尽可能。激光雷达扫描仪与 Pro 级摄像头、运动传感器和 iPadOS 内的架构协同合作，进行深度测量。这种硬件、软件与突破性创新技术的结合，让 iPad Pro 成为了体验增强现实的强大装备。在新款 iPad Pro 上，增强现实类 App 能给人更强烈的真实感。放置虚拟物体现在能即时完成。逼真的物体遮挡功能，可让虚拟物体在现实场景结构中前后穿插。动作捕捉和人物遮挡功能也经过优化，精准度更高。这一切,都让开发者能够打造出沉浸感更进一步的增强现实体验。可以想象,在这颗激光雷达扫描仪的添加之后,iPad Pro 一定会带来给我们强大的 AR 体验,也会在教育、医疗、娱乐、生活等多个领域实现应用。

3. 电子阅读器设备

电子阅读器,通常被称为电子书。虽然功能单一,但是却不得不提。它是以阅读功能为主打的数字交互产品。

例如,Amazon Kindle 是由亚马逊 Amazon 设计和销售的电子书阅读器(以及软件平台),是使用 e-ink 技术的便携式电子书阅读器。e-ink 技术对用户视力有明显的保护作用,因此它有替代传统纸媒书籍的趋势。所以,它对于阅读这个行为方式产生了改变。亚马逊 Amazon 是全球第一大网络书店,Kindle 竞争力除了丰富的资源外,主要特点还有它的网络支持功能,包含 WiFi 和移动网络两种网络方式,而且在价格上也明显比纸质书更有竞争力。

Kindle 是创新数字内容生态系统的代表,既有领先业界的硬件设备,如 Kindle 电子书阅读器,也有题材覆盖广泛、内容深受欢迎的 Kindle 电子书库,更有跨平台(PC、MAC、iPhone、iPad 和 Android 手机和平板电脑)Kindle 免费阅读软件,为使用者提供卓越的数字内容阅读与使用体验。

亚马逊 Kindle 电子书阅读器现有 Kindle、Kindle Paperwhite、Kindle Oasis 三个系列,以及 Kindle X 故宫文化、Kindle X 敦煌研究院、Kindle X 国家宝藏等联名定制款组合,同时搭载庞大的 Kindle 电子书资源,可以为读者提供更好的阅读感受。

4. 可穿戴设备

“可穿戴设备”是应用穿戴式技术对日常穿戴进行智能化设计、开发出可以穿戴的设备的总称,如眼镜、手套、手表、服饰及鞋等。可穿戴设备的商业普及应该是从智能手环手表开始的。近两年,各种技术的智能眼镜进入了非常发展期。有理由相信,可穿戴设备将会是继移动设备之后,一块交互平台开发的热土。

智能手表、手环都是穿戴在手腕处的交互设备,从产品外观上,二者的大小体积没有巨大的差别。但是二者在用户人群及其相对的功能上差别非常大。从产品外形相对简单的智能手环来说,其用户群,主要集中在追求时尚的年轻人士。因为它的主要功能是震动唤醒、睡眠追踪、运动监测、膳食记录等,并将这类实时数据与手机、平板同步，起到指引健康生活的作用。

但从产品设计的角度来看，智能手环能耗极低、外形极简是它的两个基本产品特征。从材质来看，智能手环一般采用医用橡胶材料，天然无毒，外观设计以时尚性为主打。因其外形小巧，尤其重视色彩设计，多彩的外观非常受学生族的青睐。

智能手表除指示时间之外，还应具有提醒、导航、校准、监测、交互等其中一种或者多种功能；显示方式包括指针、数字、图像等。智能手环相对在定位上要有所不同。首先，用户人群更广且细化，追求更加个性化的用户体验设计。智能手表种类，按照用户人群可以分为：第一，成人智能手表。功能有用蓝牙同步、打电话、收发短信、监测运动、远程拍照、音乐播放、录像、指南针等，和手环一样主要满足年轻的潮流人士的需求。第二，老人智能手表。主是通过超精准GPS定位、亲情通话、紧急呼救、监测身体状况数据、吃药提醒等实现专为老年人定制的健康医疗信息服务功能和防止老人走丢的功能。第三，儿童定位智能手表。通过定位、双向通话、SOS求救、远程监听等技术，起到智能防丢、家长管控、亲子互动等多功能，为孩子提供健康安全的成长环境。

苹果公司2020年发布的Apple Watch Series 6，能通过创新的传感器和App测量血氧水平，能时时留意你心脏的健康，还能在优化的全天候视网膜屏上，一瞥之间看清各种健身数据。血氧水平是衡量一个人整体健康状况的关键指标。它有助于了解人体吸收氧的能力，以及输送到身体中的氧气量。Apple Watch Series6全新配备出色的传感器和App，让使用者能在需要时测量自己的血氧水平，并能查看一天中的后台测量结果。新传感器加身，开拓新眼界。全新的血氧传感器由四组LED光簇和四个光电二极管组成。它集成在设计一新的水晶玻璃表背之中，与血氧App相互配合来判断你的血氧水平。深层照明，清晰明了。绿色、红色及红外LED会用光线照射你手腕处的血管，同时光电二极管会测量反射回来的光量。随后，先进的算法会通过计算你血液的颜色，来判断其含氧量。

5. 智能眼镜

智能眼镜的交互技术主要有三种：语音控制、手势识别、眼动跟踪。现实生活中，智能眼镜的普及度远远不如智能手表、手环等可穿戴设备。这一现象是值得思考和分析的。

华为公司在2020年推出的智能眼镜 Huawei Eyewear Ⅱ的设计比上一代产品更为先进。智能眼镜是技术与时尚相适应的最新产品，以华为的签名出现。这些眼镜名为 Centle Monster ×华为眼镜Ⅱ，与以前的型号不同之处在于它们更加舒适。智能眼镜专注于一些新功能，声音控制和设计创新。Eyewear Ⅱ具有华为的核心技术，同时还具有隐私保护功能。其半开放式超薄扬声器可有效防止声音泄漏。此外，它还为用户提供高性能的立体声。

借助语音助手的支持，眼镜可以轻松地与语音助手交互，从而使智能功能得以运行。除了使用较轻的材料来防止耳朵受压的眼镜手柄外，整个眼镜还使用了塑料钛。

眼镜手柄和镜架边缘之间的铰链由柔性钛制成。在智能眼镜中，可以说耳朵后面的手柄从12度增加到20度，因此使用起来更舒适。

与第一代产品相比，智能眼镜可以更完美地提供听音乐，玩游戏或看电视等活动。它具有更高级的开放式扬声器设置，可提供有效的声音体验。结合自适应声音技术，Eyewear Ⅱ可以自动减少环境噪声，使用户可以更好地专注于他们所听的内容，同时还可以防止对周围人的干扰。Eyewear Ⅱ支持更新的智能运动控制。因此，配对时，用户仅需轻轻挤压左侧的手柄即可。除了配对外，用户还必须点按两次左侧以激活语音助手。

在听音乐时，您可以滑动眼镜的手柄以切换到上一个或下一个曲目。检测何时摘下眼镜的传感器可以自动停止播放音乐。如果用户在3分钟内重新戴上眼镜，音乐将继续播放。除了智能眼镜的这些功能之外，它一次充电可使用5个小时，并且具有无线快速充电技术以及 NFC 非接触式支付功能。

6. 计算机网站应用交互设计

技术在网站方面的应用始于20世纪，发展至今，许多网站都是交互式网站。如何定义交互式网站呢？交互式网站主体设计使用程序语言（ASP、PHP、Java 等），多数基于数据库，页面制作中使用辅以 JavaScript 脚本语言、GUI 界面设计、Flash 动效形成各类网站。

交互式网站加上后台控制可以生成功能强大的页面，如网上办公、网上销售、物流管理、人事管理等多种模块，大体上可分为信息类网站、事务性网站、应用类网站等。如现在大众常用的网上金融、医疗、交通自助查询等业务办理系统、学校教务管理系统和淘宝等购物网站都是交互式网站。

7. 虚拟现实技术设备

体验设计虚拟现实技术极大地丰富了我们的试听体验。因此，无论 VR、AR、MR 一般都会通过沉浸式体验设计去抓住用户。这其中，需要掌握基础的设计手法之一是叙事性设计（如讲故事）。叙事性设计，英文为 storytelling，它利用情境、沉浸、角色、气氛、情节、节奏的设计来让观众融入故事本身当中来，给用户以难度适中的任务和实时反馈以吸引用户持续的关注度。此类设计特别适用于娱乐、演出、教学展览等需要长时间吸引人注意力的活动。

2020 年 10 月 19 日，以“VR 让世界更精彩——育新机、开新局”为主题的 2020 世界 VR 产业云峰会大会拉开序幕，虚拟现实、全息投影、AI 同声传译、AI 虚拟主持人等行业最新技术一一亮相。

比如，在开幕式环节虚拟主持人“钟小石”正式亮相。借助真人检索、面部精确重构与表情迁移等技术，“钟小石”能够高度模拟真人主播的声音、表情和动作，完成单向播报、双向互动等任务，实现了从“能听”到“会说”的技术飞跃。

本次活动还开辟了一个“VR 云会场”。用户可以在相关页面中自定义自己“虚拟化身”的穿着和样貌，设定完毕后佩戴华为的 VR 眼镜，在会场的虚拟座位中“入座”；不同的“虚拟化身”间可以彼此看到，并相互进行语音、文字对话；佩戴 VR 眼镜的用户只要转动头部，就可以观察到不同视角的画面。

“近三年来，我国虚拟现实产业发展迅速，核心技术不断突破，产品供给日益丰富，应用创新生态持续壮大，已经形成较为完整的虚拟现实产业链条。”据工业和信息化部副部长王志军介绍，我国在 VR 硬件、软件和应用方面已经实现突破。比如，硬件方面，我国在芯片、显示屏、光学模组、传感器等关键器件领域进步较快，AR、VR 头戴设备等整机产品加快上市；应用方面，随着 5G 商用进程加快，VR＋制造、VR＋教育等产业的发展速度明显加快。此外，突如其来的新型冠状病毒感染，让“宅经济”异军突起，也间接推动了 AR、VR 技术加速进入各类应用领域。据中国电信集团有限公司董事长柯瑞文介绍，疫情期间，有上亿网友通过对雷神山医院进行 VR“云监工”，VR 会展、AR 游戏等也逐渐被人们熟知。“AR 测温等应用场景更是在抗疫过程中大显身手，成为‘战疫’新亮点。”

“增强现实（AR）和虚拟现实（VR），作为下一代移动计算平台，它正在促进现实世界与数字世界的融合，从而彻底改变人们工作、生活、学习和娱乐的方式。"高通公司总裁安蒙指出，AR、VR 的发展获益于智能手机上的移动技术，但未来其适用范围有望超越手机。

值得一提的是，"2020VR/AR 产品和应用展览会"也同步启幕。展览会以"融合创新，开启 VR 新视界"为主题，汇集了华为、微软、科大讯飞、创维、百度等国内外 160 家参展企业，Ximmerse、集趣、影新教育等广东初创公司也展出了最新 VR/AR 产品。

三、其他终端设计创新

(一)智能家居

如果您有过装修家居环境的经历，那么你就会发现，现代城市家居环境是离不开很多电器设备的。从几十到几百平方米的家庭环境中，空调、洗衣机、冰箱、电视、微波炉等大小家电已经成为基本配备。家居环境中，不同空间的功能布局是十分清晰的。因此从不同方面，可以详细说说从功能到交互产品设计的需求。

客餐厅用于会客以及平时家居用餐和休闲娱乐。一组桌椅、一个电视不可或缺。根据调查，现代中国家庭的娱乐中心非电视莫属。而且由于电视大屏幕的优势，它成为多人共享娱乐的最佳设备。很多基于电视的智能开发一直正在进行中。比如用电视给家人传递信息留言、用电视分享照片与视频都能够获得更佳的试听体验。电视与手机大小屏幕实现内容共享，让电视的内容获得极大拓展。另外，电视开发商也通过云计算等方法让电视成为连接家庭与世界的窗口，通过电视实现的网上购物、办公和信息获取等变得愈加智能。但是从设计开发人员角度，智能电视开发的技术难度在于信息输入和内容获取与计算，而设计难度，则在于对用户每天不断变化的新一日使用习惯迁移的把握。

别看厨房和卫生间空间面积不大，却是功能十分复杂而专业的地方。厨房兼具储藏、清洁、备菜和烹饪等多样化的功能。就烹饪而言，煎炸煮炖对于中国人的厨房来说习以为常。西方生活方式的传入，让我们的厨房又多了不少西式厨具，例如烤箱、榨汁机等。厨房的大大小小家电可能不下 10 件。怎样让我们的厨房变得更加智能，让家庭主妇(夫)从繁杂的厨房家务中解放出来，成为智能厨房研发设计的新方向。

"家"的概念，不仅包含一家居住之家的"家居"，也包含家家相邻组建成的"社区"这个单元。业主对于社区服务的多样性需求驱动着智能社区的全面发展;先进的智能楼宇系统提供全方面服务,包括智能安保服务、智能物流服务、社区医疗系统服务、社区邻里互动等。这些服务与传统人工服务不同,很大程度上依赖于新兴的智能化数字交互产品,如天眼摄像监控系统、楼宇门禁对话系统、指纹锁、新风系统、自助物流储存柜等。

(二)公共交互设施

交互产品的普及改变着每个人的日常生活,公共生活方式也慢慢发生着改变。生病的你会发现去医院前,就可以提前在家预约医生;旅途中的你在没出发前就可以选择最佳交通工具及相应的推荐路线;机场、商场、公园中的互动导向标牌,直观生动地指出了你所寻找的位置。智能手机手表等个人终端与公共交互设施的信息交互触发了多种不同公共交互设施的个性化服务体验诞生。

1. 信息类交互设施

公共交互设施中最基本的一类是信息服务类的交互设施。前文提到过的导向设计在公共空间(主要包括火车站、地铁站、机场、汽车站、商场、公园等)为行人提供了基本的方向指示服务。除了指示方向,公共交通的智能化不得不提。智慧交通包含了地铁、公交车、共享单车等。以公交车站为例,在公共汽车尚未到达前,就能够预先在站台的电子指示牌上提供即将到达车辆的信息。乘客在这样的站台通过掌握车辆预到达信息,能够更加灵活地安排自己的行程及等待车辆的碎片时间。

2. 公共交通设施

一个新兴的公共交通设施——共享单车,受到众多年轻人的追捧。共享单车的便捷和低廉,深受大众喜爱。通过手机扫描二维码开锁,行程结束后锁车,手机支付租金,为短途旅行提供了便捷的个人共享交通工具。这种基于共享理念的公共交互设施,尚有大片空间可以开发。

3. 事务性服务设施

ATM机、自助挂号机与自助报告打印机、自助点餐、自助物流储存柜等,增加了人和机器打交道的机会。但同时我们也不得不学会和机器打交道,否则生活会越来越不方便,对老年用户而言更是如此。这是交互设计开发团队有待关注的设计盲区。

4. 个性化微体服务

设施公共空间中人们的个性化需求驱动着不同功能的新服务设施被设计

研发，并应用到市场中。例如，空间大小类似电话亭的一至两人 KTV 迷你唱吧，单人证件及大头贴拍照亭，扫描即可享用的公共按摩椅……这都是极富创新且体量不大的公共服务设施。公共交互设施通过交互技术将个人终端机与公共设施连接，传递信息、发布任务、获取服务。通过创新服务模式，新的公共交互设施被开发应用，改变着我们的公共生活。

本节中提到的交互平台涉及了我们日常可以接触到的多个方面，并不是全部。这些不同类别，有的以视觉为主要信息传递或操作的主要形式，有的设备的交互设计仅仅是起到辅助作用。因此，在具体设计中，需要更具不同类型要求的设计项目去调整设计的轻重缓急，找到恰当的设计手法使其在设计团队中发挥恰当的作用。

第三节　交互设计研究在不同领域的应用

一、家居

智能家具是指以人机交互技术为基础，通过与用户的交互，实现智能控制和功能扩展的家居产品。随着科技的不断发展与进步，智能家具在我们的日常生活中扮演着越来越重要的角色。而人机交互界面设计作为智能家具的重要组成部分，对于提高用户体验和方便操作起着至关重要的作用。本文将探讨人机交互界面设计在智能家具中的应用研究。

（一）智能家具概述

智能家具的出现使家居生活变得更加便捷、智能化。通过将各种传感器与智能控制系统相连接，使得家具能够根据用户的需求自动调整，提供更加智能的功能与服务。例如，通过智能床垫监测用户的睡眠质量，智能镜子提供虚拟试衣等功能。这些智能家具不仅提供了人们日常生活的便利，更使得家居环境与人的关系更加密切。

（二）人机交互界面设计的重要性

人机交互界面设计是智能家具的重要组成部分，它直接影响用户对智能家具的接受程度和满意度。一个良好的人机交互界面设计应该具备以下几个特点：

①直观易懂：应该能够轻松理解界面的功能和操作方式，减少对用户的学习成本。

②个性化定制：界面设计应该考虑用户的个性化需求，提供灵活的用户设置选项。

③反馈及时准确：界面设计应该及时反馈用户的操作结果，确保用户能够准确地理解其行为的影响。

④一致性与统一性：界面设计应该统一整体风格，减少用户的认知负荷。

(三)人机交互界面设计在智能家具中的应用

1.触摸屏技术

触摸屏作为一种常见的人机交互方式，广泛应用于智能家具中。通过触摸屏，用户可以直观地与智能家具进行交互，如调整家具的亮度、温度等。

2.语音控制技术

语音交互是一种自然且方便的交互方式。在智能家具中，用户可以通过语音指令告诉智能家具完成特定任务，如打开窗帘、关闭灯光等。

3.手势识别技术

手势识别技术可以通过摄像头等设备感知用户的手势动作，从而实现与智能家具的交互。比如，用户用手指向右滑动，智能家具可以自动调整音量。

4.虚拟现实技术

虚拟现实技术可以为用户提供沉浸式的交互体验。在智能家具中，可以通过虚拟现实眼镜进行室内设计，拟真感受不同家具摆放的效果。

(四)人机交互界面设计面临的挑战与未来发展方向

虽然人机交互界面设计在智能家具中已经取得了显著的进步，但仍然面临一些挑战。比如，如何设计出符合人类认知特点和操作习惯的界面，如何满足不同用户的特殊需求等。未来，可以通过以下几个方面来推动人机交互界面设计的发展：

1.多模态交互

结合多种交互方式，如语音、触摸、手势等，提供更加灵活和个性化的交互方式。

2.情感识别

通过人脸识别、情感识别等技术，让智能家具能够感知用户的情绪，并提供相应的互动和服务。

3. 脑机接口

利用脑电波等生物信号，实现直接与智能家具的交互，进一步提升用户体验。

4. 用户参与设计

将用户的反馈与需求纳入界面设计的过程中，保证界面设计与用户的期望更加符合。

人机交互界面设计在智能家具中扮演着重要的角色，它能够提升用户体验和智能家具的易用性。通过不断地创新和研究，人机交互界面设计在智能家具中拥有广阔的应用前景。未来，我们期待人机交互界面设计能够进一步满足用户需求，让智能家具更加智能化、人性化。

二、医疗

近年来，随着人们对医疗服务的需求不断提高，从传统的医院看病模式转变为智能医疗服务。交互设计在医疗领域的应用，已经成为医疗领域的重要组成部分。随着科技发展，交互设计的应用在医疗领域也越来越广泛，尤其是近年来在远程医疗、智能医疗等方面应用越来越广泛，全球市场的规模也在不断扩大。

（一）交互设计在医疗领域的意义

交互设计在医疗领域的应用，可以提高医疗服务的效率和质量，减少医疗机构与医疗人员的负担，同时也更好地满足了患者的需求。

1. 交互设计可以提高医疗服务的效率和质量

在医疗领域中，交互设计可以通过人机交互、机器学习算法、自然语言处理等技术，实现智能问诊、体检、诊断、治疗等专业医疗服务，大大提高了人们看病就诊的效率和准确性。

2. 交互设计可以减轻医疗机构与医疗人员的负担

随着医疗服务的不断深入细化，医疗机构、医疗人员面临的工作压力越来越大，而交互设计的应用可以将一些简单的任务交由机器完成，医护人员能够更加专注于重要任务的开展，从而减轻了工作负担。

3. 交互设计更好地满足了患者的需求

在医疗服务中，患者需求是至关重要的，交互设计可以为患者提供智能咨询、智能导诊、智能健康监测等服务，让患者可以更加便捷地获取所需的医疗服务，有助于提高患者的就诊体验，提高患者的满意度。

（二）交互设计在医疗领域的应用领域

交互设计在医疗领域的应用领域非常广泛，包括远程医疗、智能医疗、社区医疗、康复护理、医学教学等领域。

1.远程医疗

作为智能医疗的重要组成部分，远程医疗已经成为医疗领域的重要趋势，交互设计在远程医疗领域可提供智能问诊、智能远程诊断、智能远程监测等服务，为远程患者提供最优质的医疗服务。

2.智能医疗

智能医疗是指采用智能技术，对医疗机构、医疗服务、与患者进行智能化的全面升级，以最大限度地提高医疗相关人员的工作效率，同时也使患者能够更便捷地获取高质量的医疗服务。

3.社区医疗

随着人们健康意识的提高，社区医疗逐渐成了医疗领域新兴的科技支撑，而交互设计的应用也在社区医疗领域得到了广泛的应用。通过App、微信公众号、小程序等技术手段，交互设计可以实现社区医疗服务的智能化，包括预约挂号、护理指导、用药指导、健康咨询等服务。

4.康复护理

在康复护理中，交互设计可以实现康复训练监测、康复信息记录、康复问诊等服务，可以更好地辅助医护人员的康复护理工作，为康复患者提供更好的康复护理服务。

5.医学教学

在医学教学领域，交互设计可以实现医学教材制作、学生考核、教师评估等服务。通过智能技术和数据分析，交互设计可以更好地辅助医学教育的开展，提高医学教育的效果和质量。

（三）交互设计在医疗领域的发展趋势

交互设计在医疗领域的应用发展趋势是智能化、个性化、可视化。

1.智能化

在未来，交互设计在医疗领域的应用将不断趋向于智能化，通过机器学习、自然语言处理、人机交互等技术手段，实现智能问诊、智能诊断、智能远程医疗等服务，提高医疗服务的效率和质量。

2. 个性化

随着人们对个性化医疗服务需求的提高，交互设计在医疗领域的应用将趋向于个性化，通过大数据分析、数据挖掘等技术手段，为患者提供个性化的医疗服务。

3. 可视化

在医疗领域中，可视化是非常重要的一环，交互设计应用中也要注重可视化，通过数据可视化、虚拟现实技术等技术手段，实现医疗过程的可视化，让医护人员和患者都能够更直观地呈现相关信息。

总之，交互设计在医疗领域的应用日益广泛，通过智能技术与人机交互的方式，提高了医疗服务的效率和质量，全面提升了患者医疗服务的体验，为医疗服务提供更好的支持。未来，交互设计在医疗领域的应用将逐步实现智能化、个性化、可视化，助力医疗服务的全面升级。

三、教育

近年来，随着人机交互技术的飞速发展，它在教育领域中的应用也越来越广泛。通过将人机交互技术与教育相结合，可以大大提高学习效率和教育品质。本文将以人机交互技术的应用研究为主线，探讨人机交互技术在教育领域中的应用现状以及未来的发展方向。

（一）人机交互技术在教育领域中的应用现状

1. 教育游戏

教育游戏是人机交互技术在教育领域中应用最广泛的领域之一，它通过将游戏和教育相结合来提高学生的学习兴趣和参与度。在教育游戏中，利用人机交互技术可以让游戏更加逼真，通过视觉和听觉等多种感官的刺激，让学生更好地融入游戏中，从而提高学习效果。

2. 虚拟实验

虚拟实验是指使用计算机技术和虚拟现实技术来进行实验教学，它可以有效地解决实验室数量不足、设备不完备、环境不安全等问题。在虚拟实验中，学生可以在虚拟环境下进行实验，从而大大降低了实验的成本和风险。此外，虚拟实验也可以帮助学生更好地理解和掌握实验原理和方法。

3. 智能监控

智能监控是一种利用计算机和传感器等技术，对学生的行为进行监控和分析，从而及时发现学生的问题，并采取相应的教学措施。在智能监控中，可以采集学生在学习过程中的各种数据，如学习时间、学习行为、学习成绩等，通过分析这些数据，可以了解学生的学习情况，从而更好地为学生提供教学帮助。

(二)人机交互技术在教育领域中的未来发展方向

1. 移动学习

随着移动互联网和智能手机的普及，移动学习已成为教育领域中的一个热门话题。未来，人机交互技术可以进一步结合移动学习，通过创新的移动学习模式和学习应用，提供更加便捷、高效、个性化的学习服务。

2. 增强现实

增强现实是指通过计算机技术和传感器等设备，将虚拟信息与现实场景相结合，从而创造出一种全新的感官体验。未来，人机交互技术可以与增强现实相结合，创造出更加逼真、立体、交互性强的学习环境，从而提高学生的学习成效。

3. 自适应教学

自适应教学是指根据学生的个性特点和学习状态，对教学内容和方法进行智能化、个性化的调整。未来，人机交互技术可以通过智能化的评估和数据分析，对每个学生进行个性化的教学计划，从而让每个学生都能找到最适合自己的学习方式和路径。

人机交互技术在教育领域中的应用，不仅可以提高教育教学的质量和效率，也可以提供更加丰富、多样化的学习形式和方法。随着人机交互技术的不断发展，未来它在教育领域中的应用将会越来越广泛，为学生带来更加优质、个性化的学习体验。

第四节　交互设计未来展望:智能、人性与多元的融合

随着嵌入式技术、计算机技术及物联网技术的日新月异，微型处理器和传感器在众多产品中的广泛应用正推动着交互设计向更智能化、情感化的方向发展。这一趋势预示着交互设计即将迈入一个崭新的发展阶段，其中智能化、人性化和多样化成为其显著的特征。

一、智能化的发展趋势

智能化是当下科技发展的核心方向，它指的是在网络、大数据、物联网和人工智能等先进技术的支持下，产品能够主动满足用户的多样化需求。在这个信息超载的时代，交互设计在智能化的浪潮中面临着诸多挑战与机遇。如何有效应对云计算、大数据分析等新技术带来的变革，并找到设计的核心与难点，是交互设计师需要深入思考和探索的问题。智能化的交互设计将更加注重对用户思维的解读与需求预测，从而使产品不仅智能，而且更加贴己，不仅对用户的当下需求具有实用功能性，还甚至对其未来生活具有积极劝导性。

二、高度情感化的设计理念

尽管当前的交互设计产品已具备一定的用户友好性，但完全实现人性化、给予用户情绪关怀与情感支持仍是一个持续追求的目标。在未来发展中，交互产品应更加注重服务于人，切实满足人们不断增长的物质和文化需求。科技的快速发展不应脱离人性化的设计原则。交互设计的演进将为人们带来全新的视角和体验，使人们在享受技术高精度发展的同时也能感受到产品对人类需求的细致关怀。这种设计理念将引导消费者从物境到情境、再到意境的深层次体验，实现情感与产品的深度融合，从而使产品趋于完美和人性化，从产品升级为伙伴甚至家人。

三、多样化的交互形式

在产品交互设计领域，创新的空间仍然广阔。交互设计不仅局限于界面交互，更涉及用户与空间、时间以及触觉、视觉、听觉、嗅觉等多种感官的交互体验。随着技术的进步，界面将从二维平面逐渐拓展到三维空间，电子纸、投影技术、体感技术等将使产品界面承载更多内容和实现更复杂的交互。未来的设计师可能会运用数据手套、头盔等先进的虚拟现实设备或植入式人体生物芯片进行交互式设计，而用户则可能通过语音、姿势、脑电波等生物信号、情感识别等方式进行直观而自然的输入。

回顾交互设计的发展历程及当前变革，我们可以预见：以语音为主，辅以体感和手势的交互方式或许将成为未来一段时间内的主流人机交互模式。当然，新型用户界面(Natural User Interface，NUI)不可能完全取代传统的图形用户界面(Graphical User Interface，GUI)，正如 GUI 并未完全取代命令行界面

(Command-Line Interface,CLI)一样。在某些场景下,如公共场合发送短信或阅读资讯,GUI仍然具有其独特的优势。然而,在家庭环境中,如Amazon Echo等智能设备已经展示了语音交互的强大潜力,用户只需简单说出需求,设备即可完成诸如打开电视、开灯、开空调、开窗户、播放音乐等任务。未来生活正在以我们不曾想象到的神奇方式与我们沟通交互、慢慢展开。

参考文献

[1]冯世博.创新引擎:交互设计实践方法[M].北京:电子工业出版社,2022.

[2]李芳宇.交互设计:从理论到实践[M].杭州:浙江大学出版社,2019.

[3]韦艳丽.交互设计[M].北京:电子工业出版社,2021.

[4]霍慧煜.交互设计的宏观理论与细分领域研究[M].北京:中国书籍出版社,2020.

[5]丁嘉阳.数字媒体交互设计的发展与应用研究[M].北京:文化发展出版社,2023.

[6]覃京燕.人工智能对交互设计的影响研究[J].包装工程,2017,38(20):27-31.

[7]华梅立.交互设计中的原型构建研究[D].无锡:江南大学,2024.

[8]王紫萱.面向自动驾驶信任问题的汽车人机交互界面设计[D].重庆:重庆大学,2022.

[9]刘聪,朱兰芹.基于多模态交互的汽车人机交互设计研究[J].汽车电器,2022(8):3-5.

[10]李嘉节.基于情境感知的智能汽车多模态交互设计研究[J].鞋类工艺与设计,2024(3):4.

[11]覃京燕,何嘉聪.无人驾驶车元宇宙智能座舱的场景交互设计研究[J].包装工程,2023,44(18):67-76.

[12]谭浩,孙家豪,关岱松,等.智能汽车人机交互发展趋势研究[J].包装工程,2019,40(20):11.

[13]张元辰.新能源汽车HMI人机交互界面设计——以BYD汉EV为例[D].成都:成都大学,2023.

[14]曾军梅,许洁.数字艺术设计理论及实践研究[M].北京:中国商务出版社,2019.

[15]张艳.数字媒体技术在交互产品设计中的应用[J].数字技术与应用,2021,39(9):137-139.

[16]辛向阳.交互设计:从物理逻辑到行为逻辑[J].装饰,2015(1):5.

[17]唐纳德·A.诺曼.设计心理学2——与复杂共处[M].2版.北京:中信出版社,2015.

[18] SHARP H,ROGERS Y,PREECE J. Interaction Design:Beyond Human-Computer Interaction. Second Edition[J]. Journal of Neuroscience the Official Journal of the Society for Neuroscience,2002:47.

[19]NIELSEN L, et al. A Template for Design Personas: Analysis of 47 Persona Descriptions from Danish Industries and Organizations [J]. International Journal of Sociotechnology and Knowledge Development (IJSKD),2015,7(1):45-61.

[20]方鼎.汽车驾驶员动态视认性的试验研究[D].西安:长安大学,2005.

[21]陈芳,雅克·特肯.以人为本的智能汽车交互设计(HMI)交通运输[M].北京:机械工业出版社,2021.